U0176185

奇普·希思（和丹·希思）另著有

《行为设计学：让创意更有黏性》

(*Made to Stick: Why Some Ideas Survive and Others Die*)

《行为设计学：零成本改变》

(*Switch: How to Change Things When Change Is Hard*)

《行为设计学：掌控关键决策》

(*Decisive: How to Make Better Choices in Life and Work*)

《行为设计学：打造峰值体验》

(*The Power of Moments: Why Certain Experiences Have Extraordinary Impact*)

卡拉·斯塔尔另著有

《幸运可以习得吗？为什么有些人比他人更常胜》

(*Can You Learn to Be Lucky?: Why Some People Seem to Win More Often Than Others*)

MAKING
NUMBERS
COUNT

用数字
讲故事

源于斯坦福商学院
备受欢迎的 MBA
沟通课程

————

THE ART AND SCIENCE
OF COMMUNICATING
NUMBERS

————

[美] 奇普·希思
CHIP HEATH

[美] 卡拉·斯塔尔
KARLA STARR
著

吕颜婉倩
译

中信出版集团 | 北京

图书在版编目（CIP）数据

用数字讲故事 / （美）奇普·希思，（美）卡拉·斯
塔尔著；吕颜婉倩译 . -- 北京：中信出版社，2023.9
书名原文：Making Numbers Count
ISBN 978-7-5217-5868-9

Ⅰ . ①用… Ⅱ . ①奇… ②卡… ③吕… Ⅲ . ①数字－
普及读物 Ⅳ . ① O1-49

中国国家版本馆 CIP 数据核字 (2023) 第 132114 号

用数字讲故事

著者： 〔美〕奇普·希思 〔美〕卡拉·斯塔尔
译者： 吕颜婉倩
出版发行：中信出版集团股份有限公司
（北京市朝阳区东三环北路 27 号嘉铭中心 邮编 100020）
承印者： 河北鹏润印刷有限公司

开本：880mm×1230mm 1/32 印张：6.5 字数：127 千字
版次：2023 年 9 月第 1 版 印次：2023 年 9 月第 1 次印刷
京权图字：01-2023-3227 书号：ISBN 978-7-5217-5868-9
定价：59.00 元

版权所有·侵权必究
如有印刷、装订问题，本公司负责调换。
服务热线：400-600-8099
投稿邮箱：author@citicpub.com

目　录

推荐序　让数字在大脑里撒欢　　　　　　　　　　　　　III

引　　言　　　　　　　　　　　　　　　　　　　　　IX

第一部分
多用"对用户友好"的数字

第 一 章　让数字更有人情味　　　　　　　　　　　　003

第 二 章　避免使用数字　　　　　　　　　　　　　　007

第 三 章　聚焦于"1"：关注平均值和典型案例　　　　013

第 四 章　"对用户友好"的黄金准则　　　　　　　　019

第二部分
将数字置于熟悉、具体和以人为尺度的语境中

第 五 章　找准参照物：用简洁、受众熟悉的对比　　　031

第 六 章　将抽象数字具体化，将具象事物生动化　　　039

第 七 章　转化成不同度量衡：
　　　　　时间、空间、距离、金钱和品客薯片　　　　051

第 八 章　以人为尺：放大或缩小，让数字被重视　　　061

第三部分
使用出人意料且意味深长的"情感数字",
转变人们思考和行动的方式

第 九 章　告别"干巴巴",弗洛伦丝·南丁格尔玩转"移情"
大法　　073

第 十 章　比较级、最高级和跨类别　082

第十一章　情感幅度:利用多元素引发共鸣　089

第十二章　"这与你有关":让抽象的数字个人化　095

第十三章　演示法:让数字深入人心　099

第十四章　拒绝麻木:将数字转化成与时俱进的过程　109

第十五章　安可法:让数字更具杀伤力　116

第十六章　打破思维定式,创造惊奇感　120

第四部分
创建比例模型,理解宏大数字

第十七章　寻找地标,绘制景观图　131

第十八章　建立比例模型,理解复杂的动态　135

第十九章　后记:让数字更有价值　140

附　录　用数字创造出色的"用户体验"　145

注　释　151

推荐序
让数字在大脑里撒欢

数字并非大脑的原住民。当数字光临大脑这个新大陆的时候，会造成很多意想不到的麻烦。

美国艾德熊连锁餐厅为了与其他快餐连锁品牌竞争，推出了一款分量更大的 1/3 磅的汉堡。这款汉堡的价格和麦当劳的一款 1/4 磅的汉堡一样。没想到艾德熊的这一明显取悦顾客的行为，竟然遭到了半数以上顾客的唾弃。顾客们纷纷认为，自己被艾德熊敲竹杠了！

显然，顾客们从 4 大于 3 的朴素认知出发，不假思索地认为 1/4 大于 1/3。

《庄子·齐物论》里说，有个狙公养了一群猴子。有一天，他对猴子说，以后每天早上给你们三颗橡栗，晚上给你们四颗橡栗。猴子们很生气，吵闹不已。狙公改口说，那以后每天早上给你们四颗橡栗，晚上给你们三颗橡栗。猴子们欢呼跳跃。

猿猴进化到人历经千百万年，但人类在应对数字这件事上，没有什么进步，和猿猴似乎依然处于同一水平。艾德熊的顾客们所闹的笑话，不就是现代版的"朝三暮四"吗？

从心理学机制来看，人类的易得性直觉使得我们更容易接受、理解以及记忆那些生动形象的信息，而数字和数据的抽象性，则让大脑对此望而生畏。

但是，已经进入了大数据时代的人类并无退路，只能直面铺天盖地的数字侵袭。畅销全球的"行为设计学"系列图书的作者之一、心理学家奇普·希思与记者卡拉·斯塔尔联手，适时推出了这本堪称"数字生存指南"的著作，力图帮助人们将原始数字和统计数据转化成一种让大脑更容易理解、记忆的鲜活信息，以便让原始数字和统计数据得到重视和关注，增加它们的说服力和启发性。

换句话说，掌握了两位作者提供的一系列征服数字的秘密武器，我们就能让数字摆脱拘谨与约束，在大脑里轻舞飞扬地肆意撒欢了。

对于数字的不同表述，确实会收获截然不同的效果。

作者之一的卡拉·斯塔尔在上中学时曾经在科学课上获知，尽管世界上到处都是水，可饮用水却少得可怜。让卡拉在 20 年后对此念念不忘的并不是以下这组数据：

世界上 97.5% 的水都盐碱化了。淡水仅占其中的 2.5%，但 99% 以上的淡水都被困于冰川和雪原中。总的来说，地球上可供人类和动物饮用的水只占 0.025%。

事实上，对大脑来说，这些带着小数点和百分比的数据，比判断 1/3 与 1/4 孰大孰小更为复杂，从而也更难记忆。让卡拉对此念念不忘的是对这组数据的一个转换性描述：

想象一个加仑罐旁有三粒冰块。罐子里装满了盐水。冰块是仅存的淡水，人类能喝到的则是冰块融化时滴下的水滴。

这个转换性描述，将枯燥而抽象的数字，转化成了人类可以直观感受到的形象且具体的画面，使得这些数据想要表达的观点轻松入驻大脑。

苹果公司的创始人史蒂夫·乔布斯天生具有这种让数字在受众的大脑里撒欢的能力。

20 世纪 90 年代初，苹果公司在研发麦金塔电脑时，乔布斯对于电脑的开机时间过长十分不满，要求工程师们着力优化开机速度。

工程师们努力缩短了麦金塔电脑的开机时间，但乔布斯要求他们再缩短 10 秒。工程师们个个面露难色，乔布斯说了这样一番话："将来至少会有 500 万人使用我们的产品。假如你能节省 10 秒的开机时间，10 秒乘以 500 万，一天就省出 5000 万秒，一年就是 3 亿多分钟，这相当于 10 个人的一生啊。所以，为了拯救这 10 条人命，请各位继续努力！"

当缩短开机时间和拯救生命直接关联起来，工程师们谁还会不竭尽全力呢？最后，他们将开机时间一下子缩短了 28 秒，相当于拯救了 28 条人命！

7 年前，我在写作《能耗游戏》的时候，曾经引用乔布斯的这个例子来说明时间能耗。到今天写这篇文章，这个例子一下子就跳了出来，仿佛是在随时待机。显然，这还是要归功于乔布斯一开始就让这几个数字活蹦乱跳地闯进了我的大脑里。

要想让数字在大脑里撒欢，就得让数字感染上感情色彩。而最富感情色彩的当然是我们人本身。所以，如果我们能将数字和人（尤其是那些特别的人）挂上钩，就很容易激发大脑的易得性直觉。

比如，某个 NBA 球队在选秀大会中相中了一位身高 7 英尺 8 英寸 ① 的中锋。一般人看到 7 英尺 8 英寸是没有太大反应的，尤其是不使用英制单位的中国人。但是，如果你说这位新中锋的身高比姚明还要高 2 英寸，人们的大脑立即就有强烈反应了，因为大家都熟悉以身高著称的姚明，尤其是中国人。

我自己在讲课时，也经常使用这种与人挂钩的对比法。比如，三国时曹操和关羽的身高相差悬殊，曹操身高六尺八寸，关羽身高九尺，现代人对这两个数字是无感的，那么，按照东汉时一尺约相当于 23 厘米来做个转换，曹操的身高约为 1.56 米，关羽的身高则约为 2.07 米。这组数字仍然不那么容易被记住。于是我会补充说，当曹操和关羽站在一起的时候，就像是曾志伟和姚明站在了一起。这下子，凡是听到过的人一下子就理解了，而且从此就忘不了了。这是因为，人们将自己对曾志伟和姚明的身高差带来的情感反应带入了曹操和关羽的身高对比之中。

奇普·希思和卡拉·斯塔尔为了将数字转换成大脑能够接受的表述进行了深入而系统的研究。他们在这本书里，列举了 80 多个案例，并为我们提供了四大原则：

———
① 1 英尺约等于 0.304 8 米，1 英寸约等于 2.54 厘米。——编者注

1. 多使用对用户友好的数字；

2. 将数字置于熟悉、具体和以人为尺度的语境中；

3. 使用出人意料且意味深长的"情感数字"；

4. 创建比例模型，以解构宏大的数字。

我深深觉得，对于那些对统计数字和数据感到困惑的人，对于那些希望借助数字做决策的人，对于那些想通过数据说服他人的人，务必要掌握本书介绍的这些数字魔法。

请牢牢记住：只有鲜活的数字才有战斗力！

陈禹安　心理管理学家　《玩具思维》三部曲作者

引言

我和卡拉打小就热爱数字，因为我们都读过奇书《吉尼斯世界纪录大全》（*Guinness Book of World Records*）。它如花盆那么大，重量却是花盆的 4 倍，其使用的小号字体与我们阅读时被提醒查看的说明性文字大小相似。但不可否认的是，书里充满了非同凡响的事实、故事，以及无比重要的数字。世界上最大的南瓜重 2 624 磅[①]。世界上速度最快的动物是游隼，其飞行时速可达 242 英里[②]。在水下憋一口气，连续翻筋斗数最多的人是来自加利福尼亚州洛杉矶的兰斯·戴维斯，他创下的世界纪录是 36 个。

这些迷人的数字中蕴藏着令人难以置信的多样性，开启了我们终身热爱数字的大门。它们的身影遍布社会各行各业。从运动员到气候科学家，再到市场营销的专业人士，人们使用数字来衡量工作成果、宣扬个人主张、激励他人改变。

但铺天盖地的数字让我们很容易产生错觉，认为别人比自己更了解数字，认为自己可能错过了合适的课程或者缺少正确的基因，并且总在理解和使用这些最常见不过的对象时处于下风。

不过这里有个秘密：没有人真正理解数字。

没有人。

这就是生而为人的事实。人类大脑在进化过程中变得只能处

[①] 1 磅约等于 0.454 千克。——编者注
[②] 1 英里约等于 1.609 千米。——编者注

理非常小额的数字。我们可以一眼认出 1、2、3，幸运的话，最多能识别到 4 和 5。你可以从任何一本孩子的算术书中意识到这一点。当你看到三条金鱼的图片时，大脑会不假思索地脱口而出"3"。这种过程就叫作"感数"[1]，早在人类发明数字系统之前，大脑就已经逐渐形成了"感数"。①

事实上，古往今来，世界各地的大多数语言都为 1~5 的数字取了名字。但在 5 之后，"有名有姓"的数字就寥寥无几了[2]，各种语言不得不采用"许多"之类的通用词来代指其他数字——从 6、7 一直到成百上亿、恒河沙数。② 想象一下，身处一个超过 5 就"词穷"的文化之中，日常沟通时可能会遇到如下挫折。

场景 1：

"今天我们有足够的鸡蛋填饱肚子吗?"

"嗯，我们有很多鸡蛋，但我们人也很多。所以我想吃晚饭的时候就能知道了。"

场景 2：

"你说你会用很多开心果来换我的羽毛项链。"

"这就很多了。"

"好吧，但我的意思是，很多很多。"[3]

———
① 本书中的大量注释提供了学术研究、事实来源和样本计算方面的链接。
② 这是另一处让你有冲动去查看注释的地方。

不妨想象一下，如果你所处的文化没有为你提供用数字描述关键计划的文字表达，除了让你倍感挫败，还将酿成一出出彻头彻尾的悲剧。

场景 3：

"我和你说了很多次了，我们得走很远才能穿越沙漠，这个过程旷日持久，所以最好带上很多水！"

"我的确带了很多。"

"好吧，那根本就不算多。现在，在我们渴死之前抵达绿洲的概率有多大？"

"呃，希望渺茫。"

所以，从某种意义上来说，当人类发明出更多的计数工具，就等于取得了伟大的进步。首先是计数系统（刻痕计数、结绳记事、条码归类），然后是数字（455 或者 455 000），再之后是运算。[4] 虽然文化层面上数学的基础结构已被改变，但从生物学角度来看，大脑还是那个大脑。从初入学堂的垂髫稚子一直到成为象牙塔中的天之骄子，即便我们接受了很多训练，数学也不过是一款绑在笨重硬件之上的全新高科技"软件"。它能发挥作用，但永远都不会成为我们的本能反应。数百万、数十亿、数千亿、数万亿……它们听起来差别不大，但描述的现实却大相径庭。大脑生来就能领会 1、2、3、4、5。后面的，就都是"很多"了。

以下是一个旨在帮助人们理解"100 万"和"10 亿"的差别

的思维实验。你和朋友分别购买了一张奖金丰厚的彩票。但此处暗藏玄机：中奖者必须每天花掉 5 万美元的奖金，直到把钱全部用完。你赢了 100 万，朋友赢了 10 个亿，你们每人得花多长时间才能挥霍掉这笔意外之财？[5]

作为一名百万富翁，你能够大手笔挥霍的时间会出奇地短暂。仅仅 20 天后你就会花光所有奖金。换句话说，如果你在感恩节中奖，离圣诞节还有一个多星期时你就已经把这笔钱花得一干二净了。

对于你的那位亿万富豪朋友来说，财力可以维持的时间会久一点儿。他 / 她可以把日消费 5 万美元作为全职工作，并且可以持续做——55 年。这大约跨越了两代人，几乎等同于 14 届总统任期。

10 亿——1 000 000 000——不过是个数字。我们可能会以为自己对它已然真正理解，因为它就白纸黑字地印在这里，但因为零实在是太多，大脑依然会犯糊涂。它不就是"很多"嘛。可当我们亲眼见到它究竟比 100 万多多少时，我们不免大吃一惊。

通过强迫你想象在连续 55 年里每天都眼睁睁地看着朋友挥金如土，我们对数字的理解会更进一步。这种方式不仅让数字鲜活生动，还让嫉妒变得如此真实可感——我们会帮你去踢朋友的小腿。这动感十足的画面使数字变得栩栩如生。

本书基于一个简单的观察：如果我们不能把数字转换成直观的人类经验，信息就会丢失。我们努力工作，通常要废寝忘食地工作才能生成有助于明智决策的正确数字——可是，如果这些数字不能在决策者的脑袋里生根发芽，那么所有的努力就都白费了。

作为数字爱好者，我们认为这很可悲。我们为了理解世界上最有意义的事情所做的工作，比如终结贫困、战胜疾病、探索宇宙极限、告诉心碎的青春期男孩未来还会有多少次坠入爱河的机会，常常因为缺乏恰当的数字转换而大打折扣。

基于以上背景，作为商学院教授的我和科学记者卡拉一致认为，应该有一本书来专门说说这件事。

但我们环顾四周，发现查无此书。我们发现一些很棒的指导用书，可以教人把图表制作得更加时尚且更有说服力，或者让制作信息图表的复杂过程变得简单易懂。可并不存在一份指导手册或者写作指南，可以帮助人们以直观和准确的方式来理解"让数字发挥价值"的基本过程。

因为不懂，所以恐惧。当有数字出现时，一半的人都会说"我是设计师 / 教师 / 律师，可不是专职捣鼓数字的人"。仿佛念念咒语，就能抵御吸血鬼一样。另一半人则会因为在演讲时使用了数字而深感抱歉，匆忙结束后，赶紧溜回地下老巢，在那里心安理得地做计算，而不会遭人嘲笑。

我们认为，其实大家并没有太大的不同。只是简单地对数字进行不同的转换，很多人便会认为自己是专职捣鼓数字的人。但说到底，我们真的别无选择。我们会在一天中的很多时候面对数字。无论是国家经济大势还是个人日程安排，无论是运输系统还是家务管理，我们所做的一切都基于数字。我们可以选择参与数字决策，也可以被蒙在鼓里，但无论如何，都无法选择置身事外。我们能做的就是令它们对自己有意义——你我皆凡人。

这甚至可能会很有趣。毕竟《吉尼斯世界纪录大全》[6]的"始作俑者"可没打算做一本学术教材——它是用来摆平酒吧赌注纠纷的（是的，吉尼斯黑啤酒正是吉尼斯世界纪录的起源，它们生产的啤酒浓得可以插进一把勺子）。

我们来看一个案例研究，其中的数字得到了不同程度的有效转换。我们将从非常令人震惊的原始数据入手：

> 美国政府发起了"每日五食"的活动，旨在鼓励青少年每天吃五种水果和蔬菜。仅麦当劳一家的广告支出就超过了这项活动的预算，并且是后者的 350 倍。[7]

任何看到这一消息的人都会从中读出巨大差异，孩子们对快餐食品的偏爱有目共睹。但起初，我们看到的仅仅是"很多"形式中的一种。我们知道快餐公司有巨额的广告预算，也知道快餐食品的广告预算比"健康食品"的广告预算更多，但究竟是多 20 倍、143 倍，还是 350 倍？到底多多少？

数值越高，我们就越无感。心理学家们称这一现象为"心理麻木"（psychophysical numbing）[8]。我们对数字刻度从 10 到 20 的移动很敏感。但是从 340 移至 350 时，同样幅度的增长却不会在我们心里掀起涟漪……这就是"麻木"。

本书旨在提供一些实用技巧，让你能够更有效地克服麻木。我们相信你可以运用心理学原理来帮助人们理解数字，并以此为依据展开行动。而这离不开数字转换。

把句子或者段落从一种语言转换成另一种语言有很多种方法。有些能更好地传情达意，有些也许更准确，有些甚至会更优美。同理也适用于数字转换。考虑一下用两种可选的方式来诠释以上事实：

对比 1：

A 版 仅麦当劳一家的广告支出就是"每日五食"活动预算的 350 倍。	B 版 孩子们观看麦当劳广告的时间是 5 小时 50 分钟，观看"每日五食"广告的时间只有 1 分钟。

无疑，B 版更胜一筹。因为我们更关心孩子而非"开支更多"。现在，资金预算转换成了时间。把 350 倍拆解成小时和分钟会让你感到差别更大、更具体，也更加疯狂。

但是 B 版还有改进的空间。5 小时 50 分钟是一段漫长的时间，孩子们是不会这样看广告的。他们不会一个广告接一个广告地看下去，而是在喜爱的节目间隙一遍遍地看。下面的 D 版就体现出了这样的洞察。

对比 2：

C 版 仅麦当劳一家的广告支出就是"每日五食"活动预算的 350 倍。	D 版 如果说一个孩子每天都看一遍麦当劳广告，那么他们看"每日五食"广告的频率是一年一次。

相较于数数，人们更容易感知日历时间。一天和一年有多久，是众所周知的事实。就连幼童也知道生日派对的间隔时间很长。只要我们能将数字转换成日历时间，就能处理好这些原本就掌握的数字。从来没人会说："我看不懂日历。"

（顺便说一下，你会在本书的很多章节里看到上述格式统一的表格。一个表格通常提供两种转换版本：一种以常规的方法表达数字，这是人们惯用的呈现方式；另一种则使用了我们推荐的技巧，以帮助你更好地理解和使用这些数字。我们推荐的技巧通常出现在右边的方框里。）

友情提示：如果你只想激发创造力，不妨翻阅此书，看看我们给出的例子。你可以从技巧的实战篇中获得灵感。开始吧！行动前，不妨花点时间看看表格中的案例。

对麦当劳广告进行转换恰到好处地展现出我们在本书中反复强调的东西。虽然人类大脑可能没有做好应对"112 倍"（或者"100 万"）的准备，但在我们训练有素的文化头脑中，尚存有一部分直觉，可以很好应对那些很难理解的数字。因此，如果我们把 112 换算成时钟时间（1 小时 52 分钟）或者日历时间（将近 4 个月），情况可能会更好。在对这些数字法则运用多年后，我们开始相信，几乎每个粗糙的数字背后都蕴藏着"言外之意"，如类比、对照、另一维度等——可以让我们将它们转换成易记、好用，并且能与他人讨论的东西。

麦当劳的案例取自"拒绝麻木：将数字转化成与时俱进的过程"章节，这是本书聚焦的 30 多种数字转换技巧之一。本书每一章都会介绍一个简单的概念，并配以商业、科学或者体育领域的一些案例，同时探讨其中的细微差别。我们撰写此书的目的是打造一本（为你初试转换提供助力的）说明书，也为你在试图转换某个重要数字却不小心卡壳而"急需灵感"的时候提供参考。

这些技巧来自何处？在过去 15 年里，奇普教过一门"让创意更有黏性"的工商管理硕士（MBA）课程。这门课主要面向 MBA 学生，但也包括医生、艺术家、海军指挥官和科学家。多年以来，他建议大家尽可能避免使用数字。直到有一个学期，一位学生提出了异议。"我是个投资银行家。我所有的想法都和数字有关。我没法摆脱它们。"于是自那年起，奇普增加了一门让数字更有黏性的课程。

课程的第一部分讲的是运用"试错法"寻找"错误"。奇普甩给同学们一组枯燥的统计数字，让他们在一小时之内想出最佳的转换方法。结果……令人大跌眼镜。甚至比失望更差。简直糟糕透顶。善于分析的 MBA 学生们并没有让数字变得更容易掌握，相反，由于经常从略微相关的领域出发提出复杂类比，他们反而使数字更难理解或者显得没那么重要。

奇普始终在修改进而完善授课方式，希望通过正确的设置，同学们能够掌握一些使用数字沟通的基本原理。毕竟，他们可是每天都在和数字打交道的 MBA 学生和工程师。奇普不想过早地分享当时他掌握的"让数字发挥价值"的技巧，担心这样会限制他们的创造力。

最终，他放弃了推动学生们去自主发现的尝试，而是在练习开始前描述一些基本原则。结果立刻改变了。学生们不仅掌握了概念，还能巧妙地学以致用。

使用数字沟通的基本原则其实很简单，但并不明显，即使你掌握了它们，也仍然会有这样的感觉。它们难以发现，却容易记住。诀窍就在于一旦你知晓了这些基本原则，就可以一而再、再而三地使用它们。

这门课成了这一学季里最让人愉悦的课程。每当有人想出一个聪明的转换，全班同学就会发出喝彩声。有一次，一群学生竟然因为某个数字转换收获了掌声！我们后续会进行详述。

"广撒网"是我们撰写此书的优势所在。我们不仅检索了心理学、人类学和社会学等社会科学的资料，还阅读了有关人类数学能力（这正是我们的不足之处）发展的书籍和论文。我们既观察了人类学家对不同文化如何处理数字的发现，也向历史、科学和新闻"取经"，从中寻找"让数字发挥价值"的技巧。

多年以来，我们的原则已经被地球上一部分最具怀疑精神和分析头脑的人，如MBA学生、工科生和纽约客们拿去做了实地检测。掌握了基本数学知识的人都可以得心应手地使用它们，中学生们也照用不误。

本书旨在为数字流畅度和计算水平参差不齐的人提供帮助。你可以放心大胆地学习这些原则，因为其中涉及的运算就算使用最老土的简易计算器，随便按一按上面的巨大按钮也能轻松搞定。

不幸的是，这可能是第一次有人煞费苦心地向你证明数字可以（而且应该）被转换。想想看，上学时，你被强行灌输了基数、多项式因式分解和其他上千个知识点，但从来没有一门课程教你怎样使用数字沟通。（突击检测：职场上哪种技能更吃香？）

如果你是为数不多在数字上颇有天赋的人，打小就喜欢看《吉尼斯世界纪录大全》，并且额外上过数学兴趣班（甚至还挺喜欢的），这些原则也同样宝贵。专家们往往对自身的成就太过习以为常，以至于对其他人做同样的事情时付出的努力视而不见。研究人员称之为"知识诅咒"[9]，它是沟通领域中的"超级大反派"。当人们要求专家分享他们很熟悉的事情时——比如说，音乐家们演奏熟悉的曲目、统计学家们展示令人震惊的图表、狗吠是为了提醒你它闻到了一股很有趣的气味——他们会过分高估听众对他们的心理模型的认同程度。

本书中的实践，因为皆对我们的自然本能奏效，所以可以帮助专家们将知识的"诅咒"转换成祝福。数学可以揭示世界的真相，但人类大脑永远无法凭直觉去理解它。如果能用好数学，你就拥有了一项价值连城的技能。善用它并且说清自己的意图，把令人费解和遥不可及的东西带到他人能看到且感觉到的范围内——你就拥有了超能力。超人可以透视墙壁，而你能让墙壁隐形，因此人人都可以看穿它们。

对非专业人士来说，理解简单的转换技巧就像用柔道或者柔术技能来武装自己一样，让你理直气壮地与"数字达人"们分庭抗礼。当你知道如何获取正确的转换时，就能让自己躬身入局：

"你能说得具体一点吗?""每个员工的日薪是多少?""如果这个表格代表了我们的总预算,你能用矩形来展示这笔费用的规模吗?"对手将再也无法用海量数据忽悠你。分析高手会与旗鼓相当的对手惺惺相惜,在发现文艺范儿十足的人力资源专员居然也是个"数学通"时更会尤其惊喜。

很难想象有人不会从这种力量中受益。产品经理可以申请更多的预算,让产品获得消费者的充分测试。科学家可以将宇宙中两点间的距离诠释清楚。市场营销人员可以充分展示一场推广活动潜在的触达范围。健身教练可以阐明每天多练习几分钟所带来的好处。世界涌现出越来越多超出我们直觉范围的数字。它们出现在商业(从研发到客户服务)的各个领域,并且是几乎所有人类努力的中心(想想科学、体育和政府吧)。

在我们生活的世界里,成功往往取决于你"让数字发挥价值"的能力。

第一部分

多用"对用户友好"的数字

第 一 章

让数字更有人情味

这里有个辨别你能否正确处理数字的快速测试：浏览信件、文档或者幻灯片。圈出每个数字，然后联系上下文[1]，在段落首尾或者项目符号列表中找出提示转换数字的短语。比如：

- "结合语境……"
- "总的来看……"
- "也就是说……"
- "让我们这样想……"
- "那意味着……"
- "相比之下……"

如果你看到了这些短语，那么紧随其后的数字很可能会帮助你表达观点。如果你没看到，则可能是因为你把数字置于外语之中，而忽略了转换。用日语来说，就是"Darekani kaiwani hairenaito kanjisaseru kotowa shitsurei desu"。①

　　无论在美国、日本，还是其他任何地方，数字都不是人类的自然语言。如果你在填充数据库，那么原封不动地保留数字绝对没有问题，可当你想在论证或者演示中使用数字时，你就得让它们更有"人情味"。②

　　微软研究院的两名科学家杰克·霍夫曼和丹·戈尔茨坦对这一观点坚信不疑，他们花了近十年的时间主导了一个名为"视角引擎"² 的项目，其目标简单明确：开发出让人类更容易理解数字的工具。

　　微软推出的搜索引擎必应（Bing）每天都会为用户的检索提供数百万条搜索结果。"视角"研究团队想知道一些简单的、结合上下文语境的短语能否帮助人们理解和记住他们搜索到的数字结果。

　　于是他们做了一些很基础的工作：在报告巴基斯坦的领土面积约为 31 万平方英里 ③ 时，加上了一句简短的"视角短语"，比如"这大约有两个加利福尼亚州那么大"。³ 然后，在经过几分钟到几周不等的时间之后，研究小组开展测试，看看人们是否还记得自己曾经看到过的事实。

　　研究表明，有些"视角短语"要优于其他短语。与人们更熟

---

① 　此处作者特意使用了日语，从而让读者恰到好处地体验这句话所表达的意思。故在此保留日语罗马字拼写原文。——译者注

② 　如果你在等待这句日语的译文，它正在路上——但请记住你等待时的感受。

③ 　1 平方英里约等于 2.59 平方千米。——编者注

悉的州或者国家进行简单的比较，有助于大家更好地记住事实。但是只要加了短语就比什么都没有更好。即便是略显拙劣的比较也比只列出孤零零的数字更加行之有效。

事实上，当人们试着回忆事实时，添加一个简单的"视角短语"就可以把错误率降低一半。但这并不意味着每次回忆都能正中靶心，还是会有很多的错误。但人们至少击中了飞镖板，而不是旁边挂在墙上的海报。

只要你肯在转换上稍微花点心思，基本上就能把准确率提高一倍。效果令人瞠目结舌。咱们再结合"视角"想象一下，一位首席财务官会付出多少代价才能让投资者在财报电话会议上召回两倍的关键指标，或者为了让学生们记住双倍的重要历史事实，历史老师愿意付出多少努力。在此，你可以掰着手指头算一下。转换不仅仅是一种把控质量的超级工具，它还有助于建立牢固的关系。当人们没能"抓住"数字时，他们错过的不仅是数字本身，还会与你和你所陈述的内容更有距离感。他们心不在焉，从而错过更多信息。更糟糕的是，因为你没能与听众建立起一种让他们有参与感的融洽关系，他们可能会不再搭理你。

日语中 "Darekani kaiwani hairenaito kanjisaseru kotowa shitsurei desu" 的意思是 "让他人觉得自己被排除在谈话之外是不礼貌的"。[①]之前，当我们没有为你解释这句话时，你可能深有同感。一家目中无人的餐厅、一次装腔作势的晚宴，或者当朋友老是在

---

① 这句话并非由来已久的文化谚语，它只是一个重要的观察。

谈论你恰好没有参加的活动中发生的笑话……你会在这些场合有同样的感受。

数字只在人人都能理解的情况下才显得有趣。想做个称职的友邻，从转换开始！

第 二 章

避免使用数字

"避用数字。"这样的建议可能会让你大吃一惊，就好像我们在烹饪书开篇就提出"远离食物"的警告。但转换数字是为了传递信息，要想实现该目标并不是非用数字不可。

你如果有过从海外长途旅行归来的经历，就会明白在机场看到用自己母语书写的"行李提取""美食天地""出口"等标语时那种奇怪的舒心的感觉。

数学不是任何人的母语。充其量它只能算是第二外语，你从学校的正规教育里习得了它。你越是能够熟练使用本民族的"民歌"——而非数学——来传达信息，就越好。

转换数字的诀窍很简单：避免使用它们。把它们转换成具体、生动且富有意义的信息，只要信息足够清晰，就没必要使用数字。

下一个案例取自卡拉的中学时代，它发生在讲授生态的自然科学课上。该案例试图说明，尽管世界上到处都是水，可饮用水却少得可怜。以下统计数据将用数字对你"狂轰滥炸"：

世界上 97.5% 的水都盐碱化了。淡水仅占其中的 2.5%，但 99% 以上的淡水都被困于冰川和雪原中。总的来说，地球上可供人类和动物饮用的水只占 0.025%。

原始的统计数字颇具信服力，却让人根本记不住。然而，20 多年后，卡拉仍然记得一个对事实进行转化的思想实验。它简单、具体。以下为详细内容：

想象一个加仑罐 ① 旁有三个冰块。罐子里装满了盐水。冰块是仅存的淡水，人类能喝到的则是冰块融化时滴下的水滴。[1]

这则信息之所以会被写进书里，是因为时隔 20 年卡拉还记得——"获悉"（真正彻底地理解）大千世界深刻真理时的震惊，以及将该类比传达给亲朋好友，并且看到他们的惊讶反应时的乐趣。

让我们停顿片刻，向最初创造了这一类比的人致敬，无论他是老师、科学家还是记者。这则信息如此简单以至于完全不需要任何数字，就令人印象深刻，甚至连听过它的高中生成年后仍然对其念念不忘。

如果你不是数字达人，加仑罐的转换瞬间就显得平易近人。

---

① 　1 加仑约等于 3.785 升。——编者注

当你看到原始统计数据中的所有百分号和小数点时，可能会陷入恐慌。你甚至可能已经扔掉书本，而不是读到这里了。

加仑罐的转换让你倍感自信，因为你不仅能理解这个例子，也能向别人解释它。无须思考究竟是 0.0025% 还是 0.25%；哪个是 97.5%，以及哪个是 99%。加仑罐、冰块、水滴。易如反掌。

如果你是数字达人，起初你可能会为失去一些漂亮的统计数据而忧伤。但统计数据依然存在——它们就在表象之下，隐身幕后。现在其他人也能欣赏它们的美了。并且，作为一个既懂数字又了解大脑思维方式的人，你能描绘出关键的环境事实，这样的画面可以在人们的脑海里停留数十年之久。

让我们来看另一个案例：

太阳系中最大的火山是火星上的奥林匹斯山。它的面积大约是 30 万平方千米，高约 22 千米。	太阳系中最大的火山是火星上的奥林匹斯山。其面积约等于亚利桑那州的面积或者意大利的国土面积。它是如此之高，以至于如果你搭乘的跨国航班想要飞越这座火山，很可能会在爬升过程中撞在半山腰。[2]

在此，你可能想做个"同类比较"，然后说奥林匹斯山的高度是珠穆朗玛峰的两倍多。但对大多数人来说，珠穆朗玛峰意味着什么？它是我们从书本中读到的东西。很少有人亲眼见过它。

（我们如果真的亲眼见过，就会知道——那些人一定会不厌其烦地把它作为谈资。）

另一方面，大家对搭乘飞机并不陌生：机舱经过滤的空气味道，乘客间心照不宣、暗自较劲的手肘位之争，城市逐渐变小，飞机在云端穿行，地面显得遥不可及。可以想象，如果迎面撞在一个庞然大物的腰部，此情此景有多么不可思议。并且如果我们飞越它所耗费的时间等同于乘飞机横跨亚利桑那州（如果飞国内航班）或者意大利（如果飞国际航班），那将真正是一次超凡脱俗的体验。这样的想象有助于我们充分感受到火星的不同凡响。

将目光放回地球，2018 年《纽约时报》发表了一篇长文，利用不同领域（政界、好莱坞、新闻界）的数据论证我们距离社会平等还有多远。但是他们并没有引用大量密集的数字，而是通过一些博人眼球的对比巧妙地说明了这些差异。

在世界 500 强公司的 CEO 里，女性占比非常小。	在世界 500 强公司的 CEO 里，叫詹姆斯的男性比女性还要多。[3]

一周以后，你根本记不住女性 CEO 的具体百分比。但你能做出一个大概的估算：从基本事实来看，大约是 5% 而不是 20%。你可能会把上述转换中的人名忘得一干二净（约翰？大卫？史蒂夫?），但你肯定记得它的数量比另一个性别多。这感觉太不对劲了。你应该不会问"在今天下午的 CEO 论坛上，有人

叫詹姆斯吗?"。如果你问"论坛上有女性吗?",则更有可能得到肯定的回答。

在这种情况下,数字本身就会分散人的注意力。通过正确的研究得出"詹姆斯对比法"是必要的,可一旦你获得了令人震惊的结果,再进而详细说明整体人口中有 50.8% 的女性或者 1.682% 的"詹姆斯们"时,就偏离了重点。

最后,再来看一个关于种族不平等的例子:两位黑人和两位白人男性被试者分别前往企业求职。他们申请的是在当地报纸上看到的职位。其中,半数被试者写道:"自己曾被判涉及毒品的重罪,并在监狱中服刑 18 个月。"

在背景清白的白人求职者和黑人求职者中,分别有 34% 和 14% 的人收到了二面电话,而在有前科的白人求职者和黑人求职者中,分别有 17% 和 5% 的人收到了二面电话。	曾因重罪入狱的白人求职者比拥有完美背景的黑人求职者更有可能获得二面机会。[4]

第一个转换似乎在告诉你一些你已知的事情:种族歧视的确存在,且十分严重。对两组求职者来说,无论是否有重罪记录,白人求职者的情况都要优于黑人求职者。

但是你要盯着这些数字算多久才能得出右边的转换?这不仅仅是不同类别间的歧视,没有前科的黑人求职者居然比犯过重罪的白人求职者受到的待遇更差?

　　比较法让种族主义造成的障碍规模一目了然。白人读者可以想象沦为阶下囚的滋味——在就业市场上，仅仅因身为黑人就遭受极端不公正的待遇，这对任何求职者来说无疑都是致命的一击。

　　如果没有转换，我们也许在放出撒手锏前就已经失去了读者的关注。读者可能会略读数据，有个大概的了解后继续往下读，完全忽视了最关键的点。

　　如果你认为自己有一个承载重要信息的数据，请跳过中间桥梁：直接说出最重要的事情。你希望人们能够注意并且感知数字，而非仅仅阅读它们。

第 三 章

聚焦于"1"：关注平均值和典型案例

让人们理解数字最快的方法是从简单的，即整个场景中最好懂的那部分入手：一名员工、一个市民或者一位学生；一次生意、一段婚姻或者一个教室；一笔交易、一场游戏或者一天。专注于一次经历中具体的一部分：一次典型的访问、一天、某个季度中的一个月。

如果这种简单的设定正合你意，那么胜利在望！

在 NBA 职业生涯的前 18 年里，勒布朗·詹姆斯得分超过 35 000 分。	在 NBA 职业生涯的前 18 年里，勒布朗·詹姆斯平均每场比赛得分超过 27 分。[1]

追求令人震惊的数字是"夏娃的诱惑"。"哇，这个数字好大啊。"35 000 让人感觉巨大，27 就不会。至少一开始不会。

这种误解被我们称为"好大主义"。当真正需要的是一个我们能理解的数量级时，我们会被更大的数字诱惑。"大得像一辆公交车"从直观上讲得通——大家都见过公交车，也知道它能把我们轧扁。"浩如银河"则"稍逊风骚"。虽然从严格意义上来说它更大，但这并不意味着什么，因为没人与银河亲密接触过。

以勒布朗·詹姆斯为例，尽管我们不知道篮球运动员在职业生涯中总得分通常是多少，但我们都知道，如果一个人能在某晚的一场比赛中得到 27 分，他会"一炮而红"。如果这发生在你高中或者大学里某个寻常的夜晚，说明你篮球打得真的很好。如果你能在 18 年的 NBA 职业生涯中保持这样的战绩，那你的球技已经空前绝后、登峰造极。但我们只能从最典型的比赛中看到这一点。这就是"1"的力量。

在美国，平民持有约 4 亿枪支。	美国约有 3.3 亿公民，以及超过 4 亿的枪支……或者说，如果美国的每个男人、女人和孩子都能拥有 1 支枪，还会剩余约 7 000 万支枪。[2]

一个枪支爱好者众多的大国拥有大量枪支这件事本身并不奇怪——这就是为什么最初要提及"4 亿"。"美国有很多枪。"然而一旦把那些枪变成了持有枪支的人，我们就开始意识到这种装备水平的不合理性了。它迫使我们去想象每个孩子，甚至连蹒跚学步的婴幼儿都有枪。婴儿床边放着支猎枪，格洛克手枪的颜色和你侄女的公主裙很搭，除此之外，剩余枪支也足够为一支大

型军队提供装备。事实上,你还可以为每位现役的海军士兵、陆军士兵和飞行员配备 52 支枪。

当我们开始将抽象的"4 亿"这个数字与一个持枪的人、一场篮球比赛、勒布朗每场比赛的超凡得分能力或者美国的人均持枪率等诸如此类的基本单位进行配对时,大家才醍醐灌顶。你一定会惊叹:"这真是太疯狂了!"对篮球传奇巨星来说,疯狂是件好事,但对婴儿持枪来说,这种疯狂则是可怕至极的。

到目前为止,我们关注的是取了平均值的"1"。但"1"也能为典型案例代言——与其说是平均值,不如说是一个单独的、有代表性的例子。与处理统计数据相比,大脑处理故事的能力要好得多。

在孟加拉国,数百万人每天靠几毛钱过活。由于很难接触到银行,每当需要借钱时,人们被迫支付的利息高得离谱(每年 100% 或者更多)。

孟加拉国经济学教授穆罕默德·尤努斯走遍了村庄街道,找出每一个为放贷人打工的居民。42 位村民总共借了 27 美元。尤努斯把自己做教授挣的薪水借给了村民,数目和他们通常从放贷人那里借的金额一样。

一名编织漂亮竹凳的妇女向尤努斯借了 22 美分以购买一天的原材料。由于摆脱了高利贷放贷人从她的每日贷款中收取的高额利息,她不仅能把过去每天挣到的 2 美分带回家,甚至可以在短时间内把足够的钱还给尤努斯。从那以后,她用盈余的钱来改善家人营养和家庭住房条件,以及孩子的教育。这样的故事在向尤努斯借钱的村民身上一而再、再而三地发生。还款率高达 100%。[3]

"孟加拉国的贫困"让人感到绝望地庞大和复杂。总体问题令人沮丧，但"1"的力量正在于它把我们的注意力集中到整体问题背后更小的日常组成部分上，以这样的方式向我们展示了改善的可能性。普遍的贫困让人绝望。但在这两个简单的故事里，数字转换彰显出行动的潜力。

首先，让我们把目光聚焦到一座村庄，在这里有个叫尤努斯的人愿意慷慨解囊。然后再来看看这一行为对某位具体手艺人的影响，并详细记录这一过程如何改变了她的生活。

我们从一位村民身上看出贷款人对其他 41 人造成的影响。从尤努斯身上，我们可以了解大范围小额信贷带来的影响。我们如果能以一种系统的方式组织此类贷款，就能改变许多家庭的现状。而如果只从总体层面出发，你永远都无法看见这一现实。

美国国债是 27 万亿美元。①	美国国债是 27 万亿美元，平均分摊到每个美国公民身上是 82 000 美元。4

当我们试图想象万亿美元时，大脑就会眩晕。但专注于"1"有助于大家理解问题的严重性，并且让我们有事可做。82 000 美元可不是个小数目，但从长远来看，我们如果进行明智的投资，能把它还清吗？

在日常生活中，美国人为了买房、创业或者求学，不惜背负

———

① 当前值。无论我们在此用了何种数据，等你读到的时候，它早就过时了。

上巨额债务。从国家层面上看，投资哪些方面能提升此类债务的价值？科学发明、促进和睦的邻里关系，还是保护土地？ 27 万亿美元将对话"扼杀在了摇篮里"，而 82 000 美元非但不会引发恐慌，还可能引起一场关于消费质量和策略的大讨论。

建立原型：我们经常收集大量数据，以致积累起的随机细节让我们"胡子眉毛一把抓"。当你面对一整张全是数据的表格时，挑战一下自己：尽可能多地在一个场景中捕捉数字。我们将这个练习的结果称为"原型"，即一个类别中最重要或者最典型的部分。就鸟类来说，一提起鸟，知更鸟正是我们期待看到的原型。老鹰（胸太宽、爪子太致命）、火烈鸟（太高、羽毛颜色太鲜艳、进食方式与众不同）或者鸵鸟（这还需要解释吗？）就差点意思。

考虑一下，如果一个快餐餐饮品牌将其所有的人口统计数据和消费心理信息转化成消费者原型的统一画像，我们能从中学到什么：

> 我们的顾客年龄的中位数是 32 岁，已婚已育; 93% 的顾客有全职工作。典型客户有 1.7 个孩子（其中 1.3 个孩子的年龄在 5 岁以下）。她购买产品的三大理由是: (1) 方便; (2) 味道熟悉; (3) 营养价值优于竞品。

> 我们的客户原型是一位 32 岁的母亲，每次她下班从托儿所接完孩子，在回家的路上会顺便去一趟商店。她走在过道里，推车上坐着 2 岁的孩子，身旁跟着 4 岁的孩子。她得自己去拿想要的晚餐盒饭，而不是让 4 岁孩子拿走货架上离他最近的东西。当这位母亲试图读一读小字印刷的成分列表时，2 岁孩子把盒饭从她手上拍掉了。
>
> 考虑到客户原型，我们建议简化包装设计，同时把营养成分信息的字号变大，这样人们就可以更快地锁定自己喜欢的口味。[5]

　　第一个案例中一连串的统计数据并不连贯，也不能让人产生什么深刻的洞察。

　　可是当数字以人为原型时，我们就能开始感受并且理解它们的含义。人们不会对市场营销中的人口统计数据萌生同理心，却会与个体产生共鸣。从幼时阅读的第一本绘本到上一次看过的好莱坞电影，我们听过的故事数不胜数，却从没接受过营销培训。原型可以包含大量数据，但也在提醒我们，数据背后是真实的顾客——那些人的孩子和我们的孩子一样会在杂货店里大发脾气。

　　恰当的分析是通往正确答案的必经之路。但在表达正确答案时，你不必使用曾"助你一臂之力"的数字。事实上，最完美的数字转换中可能根本就没有数字。

第 四 章

"对用户友好"的黄金准则

亲身实践以下实验，然后找一个幽默的朋友，让他/她也进行这一实验。看列表 A 几秒钟，闭眼，然后大声说出数字。再对列表 B 重复一遍该步骤。

列表 A	列表 B
2 842 900	3 000 000
大 5.73 倍	大 6 倍
9/17	1/2

哪个表你记得更清楚？如果你回答"列表 A"，可能因为你已经忘记哪个才是列表 A 了。无论从哪方面来说，列表 B 都让人更好处理：它好理解，更容易被记住和复述。

从功能上来说，二者传递的信息是一样的。对于那间大了 6 倍的新办公室，即使你发现它其实只大了 5.73 倍，也不会感觉更拥挤。你也可以试试告诉那些和别人干着同样的活儿，却只领到一半工资的人，其实际所得是他人的 9/17。看看他们会不会感觉好些。

再看一遍列表 A 和列表 B，现在我们来处理一下你刚刚试图记住的数字。假设第一行是你合伙企业的当期利润，然后幻想一下，最后一行是你的分成，那么今年净赚几何？

列表 B（极其迅速地）传递出有 150 万美元即将成为你囊中之物的好消息。

列表 A 非常缓慢地……传递出……再等一下……你能赚 1 505 065 美元的消息。（嗯……约 150 万美元。）等你完成了计算，话题早就转移了。

建议多用"对用户友好"的数字有两大原因。首先，它们很友好！人们喜欢参与谈话的感觉，不喜欢那些没必要的工作。为了让他人理解某一观点而经受重重考验是件很不礼貌的事。

其次，它们很有效！如果你自认为不是"社交天花板"，不妨把它看作一项工程挑战。列表 B 中的数字是为我们的大脑硬件而设计的，要知道大脑的处理能力存在严格的限制。心理学家乔治·A. 米勒在问自己"人类的工作记忆到底有多强"后，写下了心理学领域最负盛名的论文。

他的答案就写在论文的标题中："神奇的数字：7±2。"[1] 这一数字是我们的短期记忆中能记住的事情的极限。无论是数字、姓名、编码还是其他东西，如果我们必须记住 7 条以上的信息（有时只有 5 条，或者多达 9 条），我们就会开始犯糊涂。

事实上，单个不友好的数字凭借一己之力就足以使系统崩溃。想想复杂的分数（17/139）、多位数（4 954 287）或者长长的小数（0.092 383）。这些数字只测量了一个东西，却占据了我们内存中的许多插槽。我们即使设法记住了它们，也没有空间去记住其他东西，信息仍会丢失。

通常情况下，我们甚至从一开始就无法理解复杂的数字。艾德熊连锁餐厅的前 CEO、《门槛抗拒》（*Threshold Resistance*）一书的作者艾尔弗雷德·陶布曼在其公司试图推出一款重量为 1/3 磅的汉堡时，经受了一次惨痛的教训。这款汉堡的价格与麦当劳 1/4 磅的汉堡一样。半数以上的顾客认为自己被敲竹杠了。"我们为什么要花同样的钱买更少的肉呢？"他们说。

新款艾德熊汉堡的价值[2]取决于消费者对 1/3 和 1/4 这两个分数的比较。但分数对每个人来说都并非易事，因为它们表示的是部分，而非整体。我们喜欢数东西，可分数不等于"东西"。于是我们跳转到最接近的可用整数。4 比 3 大，所以消费者会错误地推断出 1/4 磅的汉堡比 1/3 磅的汉堡大。

要想使数字更加友好并且避免类似错误的话，当中还有很多细微的讲究。附录中有一组更完整的案例。但有了以下两条经验法则和一条提醒，你就可以避免绝大多数的错误了。

经验法则 1：越简单越好——充满热情地四舍五入。

4.736 约等于 5。

5/11 大约是一半。

217 大概是 200。

我们在初次尝试掌握数学的窍门时，就学习了四舍五入。然而沉迷于计算器和电子表格后，我们往往会忘记它。

可是各行各业中精通数字的人——物理学家、工程师、医生——总会选择四舍五入。他们做了很多把复杂数字转换成简单数字的工作，以此来找到解决问题的关键，并与他人进行讨论。他们用一些术语来描述这种有意识的简化："封底计算"（即粗略的计算，back-of-the-envelope calculation）、"近似"分析（"quick-and-dirty"analysis）、预估数字（"ballpark"number）。精确需有时间地点，但就具体项目而言，对精确主宰一切的需求可能要远远低于对"明智的不精确"的需求。

还记得微软的视角引擎团队吗？那个团队发现了仅用一个视角短语就能将人们回忆且使用地理事实的准确性提高一倍。他们还做了实验，通过测试读者对《纽约时报》两种不同事实版本的反应来证实四舍五入的价值：一个版本中全部是没有四舍五入的精确数字，另一版本中则有大量四舍五入的数字。

下面的例子与弗里克收藏馆有关[3]，这家博物馆提出了一个颇有争议的扩建计划。以下两个版本皆节选自视角引擎的测试。

精确版本：弗里克收藏馆想要增加的 40 100 平方英尺 ① 中，

---

① 1 平方英尺约等于 0.093 平方米。——编者注

只有 3 990 平方英尺将用于展示艺术品——这相当于当地首富家的酒窖大小。

四舍五入版本：弗里克收藏馆想要增加的 40 000 平方英尺中，只有 4 000 平方英尺将用于展示艺术品——这相当于当地首富家的酒窖大小。

看完几段《纽约时报》的文章后，研究团队要求参与者回忆他们最初看到的数字，并用它们进行一些计算。在看过精确版本的读者中，只有 2/5 的人能够准确地记住数字[①]，而看过四舍五入版本的读者中，3/5 的人能记住数字。当要求他们在这种情况下，计算展示艺术品的区域增加了多少百分比时——看到整数的读者再次击败了那些看到精确、却对"用户没那么友好"数字的人。

他们对六个不同的主题展开大范围的研究，吸引了近千名参与者，最终得到高度一致的实验结果：整数意味着更容易被记住和更少的计算错误，而精确的数字则意味着更容易被忘掉和更多的错误。

研究结果与米勒的观察一致。人类的记忆是有极限的。把精确的数字输入一台与之并不兼容的机器会适得其反。你如果注重准确度，就使用四舍五入、对用户友好的数字。让整数先入为主是取得较佳记忆效果的保证。

---

① 此处对准确记住数字的定义为误差不超过 10%。

经验法则 2：越具体越好——用整数而非小数、分数或者百分比来描述整体事物。

整数——那些数得出来的数字——让人感觉真实。我们可以把它们想象成完整的物体，想象成能与我们以狩猎-采集为初始设置的大脑和谐相处的东西。

另一方面，部分数字——小数、分数、百分比、比率——对大脑来说根本就不是真正的数字。[4] 在做数学建模等特定的时间内，我们也许可以和它们打交道。但如果在忙碌时遇到它们，我们往往会束手无策。

换句话说，只要我们向受众展示的数字不是整数，他们就不太可能理解这些信息。他们不仅在记忆和计算数字时容易出错，而且很可能从一开始就根本没想象过我们到底在描述什么——因为非整数听起来并不可靠。

你要尽可能多地使用整数，因为它可以让信息显得真实。至于额外的分数和小数，通常四舍五入即可。

对小于 1 的数字，你可以使用"篮子计数"法，让数字以整数的形式出现。如果你发现 0.2% 的人具有某种特点，用容积为 500 以上，或者 1 000 的篮子，会让他们显得更加有血有肉。"500 个中的 1 个"或"1 000 个中的 2 个"会使这些抽象的百分比变得真实具体。

在保持整数完整性的同时，使篮子尽可能小。如果有 2/3、0.67 或者 67% 的人不喜欢新口味，那就把他们变成好像站在房间里的人一样。2/3 的人认为芝士味棉花糖"恶心",让人很有画面感,然而使用 67/100 则会削弱大家的理解。

可是如果你需要引入多种数据,就不能将不同大小的篮子混在一起。你得用一个足够小的篮子,这样感觉很真实且无须让受众做数学题;同时也得足够大,能对多种统计数据直接进行比较。1/6 的人认为芝士味棉花糖的味道很吸引人,而 4/6 的人认为它倒人胃口。(注意,我们改变了上述篮子的大小,让"2/3"和"1/6"在同等大小的篮子里共存,方便横向比较。)

经验法则 3:遵循规则,但尊重专业知识。
专家知识可能会完胜经验法则 1 和 2。

前两条法则是为了确保受众能理解你展示的数字。这条法则会以人们究竟能够理解什么为重。

当你面对具有专业经验的受众时,他们可能会想出一些改变通用法则的捷径。把数字引入受众的大脑,他们可能会进行更加精确的计算。举例而言,如果要求购物狂去计算孩子家庭作业中的 0.20×2.77 时,他们可能会抓狂,但如果你告诉他们(2.77 美元的)金枪鱼罐头限时 8 折、不容错过,他们会表现得和注册会计师一样好。

原因是如果人们对某些类型的数字非常熟悉,他们无须使用过多内存,就能搞定它们。

乔治·A. 米勒"神奇的数字 7"在特定条件下拥有"扩展

包"。我们可以将 7 个条理清晰的"单元"装入大脑的工作空间内，但由于学习的专业知识不同，每个人的单元大小可能有所差异。有一个专门用来形容"以单元形式被记忆的信息集合体"的术语，心理学家们精确地称之为"数据块"（chuck），这堪称一项令人钦佩的壮举。数据块可能是一个随机数字，如休斯敦市区的电话区号（713），也可能是你最爱的歌曲的前两小节。

专家们脑中有很多这样的"数据块"，他们可以轻松地激活其中的信息，这意味着经验法则 1 和 2 并不具有普适性。如果我们了解受众，并且知晓他们处理事务的方式，就可以提供方便其处理的"数据块"形式。你我认为令人费解的事情，如果被人正确接收，它就能变得轻而易举。民意调查员习惯百分比，棒球球迷喜欢引用击球率（精确到小数点后三位数），赌徒能用让非赌徒难以置信的方式表达赔率。面点师、修理工和裁缝都掌握一套对自己意义非凡的数字体系。

要为受众提供他们已知的东西，而不是对他人来说最好的东西。通常情况下，我们不会建议某人用小数点后三位数来表达业务的关键指标。但棒球球迷却对 0.277 和 0.312 击球率的差异反应强烈。

精通为上。

. . .

当然，如果有能让事情更明白的方法，你就应该毫不犹豫地打破这些法则。要相信自己的判断。但当我们探索更细微层次的利用数字的沟通时，请牢记基本原则。尽你所能地亮出最好的数字——那些最简单、最整，以及人们最熟悉的数字。

这里有一些供你操练以上法则的练习。如果我们历数人体内的每一个原子，哪些元素是最常见的？请考虑以下 3 种表述方法：

氢 31/50	氢 62%	你体内每 10 个原子中，6 个是氢，3 个是氧，1 个是碳。其他元素远不如这 3 种常见。[5]
氧 6/25	氧 24%	
碳 3/25	碳 13%	
氮 1/173	氮 1.1%	
其他 1/500	其他 0.2%	

第一列中不均等的数字，类似于高级赌局的赔率。如果你能搞懂它，就说明你有问题了。

第二列使用了可解释的、易于比较的百分比，略胜一筹。

但我们更喜欢最后一列，它更好地诠释出微量元素的概念（它们的确很罕见！）和普遍存在的三大元素巨头（请记住人体中含量最多的成分是水，而水分子由两个氢原子和一个氧原子构成）。

我们以一则来自公共卫生部门的消息收尾（这是我们最喜欢的案例之一，是马里亚·威廉姆斯在研究生研讨会上提供的，其目的在于让人们更容易记住信息），它说明了对大脑来说，百分比有多么不真实，而使用简单的自然数进行转换后，一切又有多么真实。

40% 的美国成年人在家上完厕所后不洗手。	在和你握手的人中，每五个人中有两个在此之前刚上完厕所且没有洗手。[6]

40% 这个数字并不会让人觉得很多，也不会直击心灵。不洗手又怎样呢？少数成年人并不总是在家洗手，但大多数人还是会洗的。

但把"2/5"与明确的生活场景相结合后，你立刻就会明白为什么应该去关心这件事。如果你和五个人握了手，那么你可能已经与上完厕所没洗手的人接触两次了。读到这里，你可能已经去挤洗手液了。

善待观众。确保你使用简洁、对用户友好的数字。别忘了，也要把手洗干净。

第二部分

将数字置于熟悉、
具体和以人为尺度的语境中

第五章

找准参照物：用简洁、受众熟悉的对比

你如果想帮助人们快速理解数字，就用受众已经知道的东西来定义新概念。

几千年来，许多文化都在用这样的方法进行测量。一项对从古罗马人到毛利人在内的 84 种文化的调查发现[1]，大多数文化都通过人体这个无处不在的衡量标准来理解计量单位。双臂张开后指尖到指尖的距离，半数的文化都把它发展成了一种测量标准。（英语称之为"英寻"。）1/4 的文化发展出以前臂长度为准绳的测量方法，中世纪英语称之为"腕尺"[①][2]；它出现在《圣经》故事挪亚方舟（长 300 腕尺 × 宽 50 腕尺 × 高 30 腕尺）里。"英里"来自拉丁语，意为"一千步"。

观察一下新冠疫情期间，世界各地的本土卫生运动是怎样对"6 英尺"的概念进行转换，以传达社交距离准则的。有效

---

① 43~56 厘米。——译者注

的转换会尽可能地包含"生活中常见的参照物"和"尽可能少的数学":

一根冰球球杆的长度——加拿大

一张榻榻米的长度——日本

一只成年短吻鳄的长度——美国佛罗里达州

一块冲浪板的长度——美国圣迭戈

一只成年食火鸟那么高——澳大利亚北昆士兰

迈克尔·乔丹的身高——想象一下迈克尔·乔丹与你和朋友在空中举手击掌——篮球场

一头驯鹿的身长——加拿大育空地区

一只熊的高度——俄罗斯

一英寻——美国海军

一只羊驼的体长——美国俄亥俄州乡村集市

1.5 台木材切削机那么长——美国北达科他州

两根法国长棍面包的长度——法国

四条鳟鱼或者一根钓鱼竿那么长——美国蒙大拿州

一块冲浪板的长度或者 1.5 辆山地车的长度——美国加利福尼亚州奥兰治县

四只考拉的体长——澳大利亚悉尼

24 根水牛城辣鸡翅那么长——美国纽约州水牛城

72 粒开心果的长度——美国新墨西哥州[3]

　　其中一些是有用的，有些只是在逗逗人。你肯定见过冰球球杆或者钓鱼竿。可是如果你看过 24 根水牛城辣鸡翅或者 72 粒开心果首尾相连地排列起来，就说明有人需要接受更多的餐桌礼仪培训了。

　　你该怎样为数字找到正确的衡量标尺？你是怎么找到衡量标尺的？正如你我所见，杰克·霍夫曼和丹·戈尔茨坦对在人口和地理信息中添加数字转换进行了研究。他们和同事克里斯托弗·里德发现，最好的数字转换结合了生活中常见的参照物和简单的比例系数：

巴基斯坦的地理面积约有 5 个俄克拉何马州那么大。	巴基斯坦的地理面积约是加利福尼亚州的两倍。[4]

　　所以，找出衡量标尺，用受众熟悉的类似尺寸对事物展开头脑风暴。你如果出师不利，不妨使用麦吉弗原则。在 20 世纪 80 年代的电视节目中，麦吉弗运用科学知识创造出连蝙蝠侠或者詹姆斯·邦德都会一掷千金购买的工具。只不过他的工具原料来自午餐时回收的快餐容器。麦吉弗原则建议你：环顾周围。看看你能用从周围环境里找到的对象构建出什么。想想那些身边尽人皆知的东西：当地的参照物、所在领域惯用的物体和新闻条目。

　　当你进行搜索时，选择只需要简单相乘的对象。4 只考拉或者 72 粒开心果比 2 或者 1/2 这样的简单乘数更难打交道。研究显示，当乘数为 1 时，人们理解和回忆数字转换的效果最佳。例如，"社交距离大约是一张榻榻米的长度"（如果你是日本人）或者"几乎是一只成年食火鸟的高度"（如果你来自澳大利亚），抑或"一只成年短吻鳄的长度"（如果你不需要脚踝）[①]。

避免这些：	多用这些：
你所在州的 3.9 倍大 1.5 辆山地车	大约和纽约人口一样多。 一块冲浪板

即使"你所在州的 3.9 倍大"或"1.5 辆山地车"更精确，你也应该多用"纽约"和"一块冲浪板"。因为它们更易使用和记忆，所以在实践中也更准确。

爱尔兰共和国的国土面积为 7 万平方千米。（是的，我们四舍五入了。）	爱尔兰的面积是纽约州的一半。
土耳其国土面积为 78.3 万平方千米。	土耳其的面积几乎是加利福尼亚州的两倍。[5]
大太平洋垃圾带覆盖面积超过 160 万平方千米。	大太平洋垃圾带覆盖面积是西班牙的三倍多。

好了，现在来测试一下你创造衡量标尺的能力。2019—2020

[①]　鳄鱼依靠攻击最薄弱的脚踝处，提高自己的胜算。——编者注

年澳大利亚发生了夏季丛林大火，火灾造成了前所未有的破坏。你将怎样有效地传达事态的严重性？从右栏中挑选一个转换要点。

2020 年澳大利亚丛林大火烧毁了约 4600 万英亩，即 18.6 万平方千米的森林。	2020 年澳大利亚丛林大火烧毁了以下大小的地区： ·日本面积的一半 ·和叙利亚一样大 ·英国面积的 3/4 ·葡萄牙面积的两倍 ·和新英格兰地区（康涅狄格州、缅因州、马萨诸塞州、新罕布什尔州、罗得岛州和佛蒙特州）一样大 ·和华盛顿州一样大[6]

　　最好的数字转换结合了生活中常见的参照物和简单的乘数。哪一种效果最好？

　　叙利亚不知名。英国要劳烦我们做点计算。因为只有聚焦于"1"的时候，才会产生"这很真实"的感觉，所以日本也出局了。

　　对那些熟悉葡萄牙的人来说，我们喜欢这一描述。

　　对美国人来说，华盛顿州的比较可能适合西海岸居民，新英格兰则适合东海岸居民。（因为可以看到每个组成部分，新英格兰的比较让人感觉更大。我们将在介绍情感组合的那一章中讨论为什么会出现这种情况。）

　　选择正确的衡量标尺的确有助于提升信息和数字的吸引力和

令人兴奋的程度。一起来看看动物王国中关于速度的一些科学事实。为了帮助我们理解野生动物的奔跑速度究竟有多快，可以利用人类最快的短跑运动员尤塞恩·博尔特创造衡量标尺。这个你见过的跑得最快的人会让普通的奥运短跑运动员自惭形秽，普通的奥运健儿根本无法跑进决赛。决赛选手都是精英中的精英——博尔特在他创造纪录的巅峰时刻遥遥领先于他们所有人。

让我们把他和自然界的一些普通动物——甚至都不是跑得最快的那些——放在一起一较高下。

在塞伦盖蒂草原举行了一场特殊的跨物种的奥林匹克比赛，并为百米短跑中地面最快的物种制定了规则。每个物种自起跑线起就以最快的速度开始奔跑。人类自豪地派出了尤塞恩·博尔特，他曾在 4×100 米接力赛的最后一棒中跑出了 8.65 秒的好成绩。他跑百米的平均速度是 42 千米 / 时。

——

黑猩猩们随机派出了一只黑猩猩。它们的后腿很短，必须四肢着地才能奔跑。尽管如此，黑猩猩以 8.95 秒的成绩完成了比赛，仅落后博尔特 11 英尺。百米跑时，它们可以保持 40 千米 / 时的速度。

——

最后一刻，杀出一头黑犀牛，让二者都甘拜下风。在百米的距离里，它们可以跑到 55 千米 / 时。它以 6.55

秒的成绩完成比赛，领先博尔特 80 英尺。

——

在黑犀牛、黑猩猩和史上最伟大的短跑运动员进行的百米赛跑中，尤塞恩·博尔特以落后犀牛 2 秒的成绩摘银。然而动物界甚至还没派出绝顶高手。鸵鸟、猎豹、游隼——如果我们允许飞禽加入——都能在比赛中一骑绝尘。

我们可以在科学著作或者动物园的标语牌上读到动物跑得有多快，但只有当人类使用"撒手锏"飞毛腿进行衡量时，才能真正理解它们的速度。在我们 900 万名富有竞争力的赛跑选手中，最具荣耀的王者也只能勉强打败普通的黑猩猩，并且远不及一头黑犀牛。而一提到跑步速度时，这些甚至都不是我们会最先想到的动物。[7]

真正有趣的数据不仅传递信息，它还与违反直觉的东西针锋相对。这里还有最后一个例子，它来自商业世界。

2020 年，全球电子游戏市场的规模达到 1 800 亿美元。相比之下，2019 年（新冠疫情之前），电影行业的全球票房收入为 420 亿美元，而全球音乐的收入为 220 亿美元。	电子游戏产业的规模是电影行业的 4 倍多，并且大约是音乐行业的 9 倍。[8]

将电影行业和音乐行业作为衡量标尺能帮我们测量得更清楚，也让我们惊叹于游戏行业的规模之大。如果单看一项，电子游戏、电影或者音乐领域的数据似乎都没那么疯狂，也不怎么出人意料。众所周知，这三个领域可都是大买卖。

但是对比会让我们惊讶不已。它与我们通常谈论、报道这些行业的方式相去甚远。比起电影或者音乐，我们不怎么听到电子游戏。电玩行业也有在线版的 *Variety* 杂志吗？它们也有格莱美奖或者观众选择奖吗？也许这是种"极客歧视"，与电影和音乐行业的俊男靓女相比，极客走红毯可不怎么养眼。

对有创业头脑的人来说，这意味着商机——在一个鲜为人知的产业里发生的经济活动具有好几个好莱坞和纳什维尔的价值。要想打入这一市场，我们需要学些什么？

巧妙的衡量标尺能促使受众提出好问题。它开启了有关数字的富有成效的对话。如果你能让人们开口谈论数字，你就赢了。

第 六 章

将抽象数字具体化，将具象事物生动化

格蕾丝·霍珀是计算机科学的先驱，她创造了"bug"[①]一词（并以海军少将的身份退休）。她是美国海军中的首位编程主管，同时也教授数学。她后来回忆说，在学生们抱怨数学课还要考查写作能力时[1]，"我会向他们解释：除非你能和别人交流，否则努力学习数学是没有用的"。

霍珀极力敦促工程师简化代码。（战时，耽误顷刻就会造成天人永隔。）讲课时，她举着一捆电线，以此来演示电流在一微秒（即百万分之一秒）内传输的长度就和手里这捆电线一样。它有 984 英尺长。[2] 她说："有时候我觉得我们应该在每个程序员的办公桌或者在他们脖子上挂一捆（电线），这样他们就知道自己在浪费一微秒时，究竟造成了多大的损失。"

无论是"浪费一微秒"还是"浪费半便士"，都不会引人关

[①]　计算机程序的漏洞。——译者注

注，除非你亲眼看到信号在这段时间内可以传播多远。通过将微秒变成一个具体的事物——具体到足以挂在程序员的脖子上，以及在战争中造成生死攸关的影响——霍珀提出了一个不朽的观点。

我们需要节省每一"微秒"，即百万分之一秒。	在你浪费的一微秒中，信号传播的距离与这段电线等长。它长达 984 英尺，大约有三个足球场那么长。[3]

用数字描绘画面，让信息更清楚

霍珀的与众不同之处在于，虽然她贵为专家，却愿意花时间用非专业人士也能理解的语言来与他们进行具体交流。专家们通常倾向于选择抽象，因为这就是他们的"破局之道"。他们从过往的案例中抽象出原则，并将其应用于解决新的困境。简单的案例令人厌倦，他们陶醉于错综复杂的事物中。但有能力将复杂事物简单化的人凤毛麟角。其实，只有让其他人都理解问题所在，才能让事物在更大的范围内发挥作用。

有个简单的方法可以实现这一点：把问题从抽象的数字领域转换到具体的感觉范畴。具体能帮助我们更快地理解并更长久地记住某一事物。[4] 谚语、笑话、民谣和史诗等文化产品[5] 在代际传承中变得越来越具体，因为具体的部分更容易被人记住，进而流传于世。

看看从抽象到具体的转换是怎样让人快速理解肿瘤大小的：

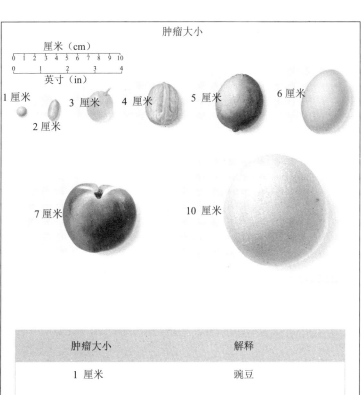

肿瘤大小

厘米（cm）

英寸（in）

1 厘米

2 厘米

3 厘米

4 厘米

5 厘米

6 厘米

7 厘米

10 厘米

肿瘤大小	解释
1 厘米	豌豆
2 厘米	花生
3 厘米	葡萄
4 厘米	胡桃
5 厘米	酸橙
6 厘米	鸡蛋
7 厘米	桃子
10 厘米	西柚[6]

当感官发挥作用时，人们就很难误解或者忘记数字。想象一下，在一场艰难的对话中，医生告诉你，你长了个3厘米的肿瘤。半小时后，你发现自己根本记不住数字，甚至连毫米和厘米都搞混了。但"葡萄大小"很好记，也不容易搞混。转换还完成了把长度折合成三维物体的困难工作。

这种具体的转换也适用于质量或者重量。以下是美国疾病控制与预防中心提出的建议：

健康膳食建议肉类摄入量为3~4盎司①。	健康膳食建议肉类摄入量为3~4盎司，这看起来和一副扑克牌的大小差不多。

无论你玩的是德州扑克、游戏王（Yu-Gi-Oh!）还是单人纸牌，在所有文化中，扑克牌的大小[7]都是一样的。用这个熟悉的物体在头脑中换算要容易得多，你无须把一块切好的牛肉从酱汁里拿出来，抖干净之后称重，再丢回盘子里。

这里还涉及一个更有分量的物体：从地理位置上来说，苏伊士运河是一条运输捷径，经此航道，亚洲出发到欧洲的船只不必从非洲南端绕行。在这条交通要道上，千帆竞发，百舸争流。2021年3月23日，集装箱船"长赐"号遭遇了一场沙尘暴，领航员视线不清，导致船撞上了河岸，船搁浅后堵住了苏伊士运

---

① 1盎司约等于28.35克。——编者注

河——"长赐"号占据了如此大的空间，以至于双向航道都无法通行。

在危机持续期间，新闻记者们绞尽脑汁，想办法去解释一艘船究竟怎样导致了国际贸易的瘫痪。以下是两种转换：

集装箱船"长赐"号几乎有1/4英里长。	想象一下，帝国大厦倾倒后，堵塞了运河。如果你取下大厦顶部细针状的天线，集装箱船"长赐"号实际上比帝国大厦还要长。[8]

将抽象事物具体化是赋予数字真实感的第一步：3~4盎司是抽象的，一副扑克牌却是具体的；1/4英里长的船令人难以想象，但倾倒的帝国大厦堵塞了运河，这一幕让所有人难以忘怀。

最后一个画面表明，除了让事物具象化，我们还有提升空间。通过把"1/4英里"转换成"曼哈顿的5个南北街区"，数字变得更具体了。但你可以不局限于此。通过让人们想象著名的帝国大厦（它曾作为世界上最高的建筑连续称霸了近40年）从高耸直立到倾倒侧躺，堵塞运河，你可以让画面更加生动。如果要进一步扩大影响，你可以将"具象"升华至"生动"。生动的信息更能刺激感官、增添色彩和活力，更加出人意料，也更贴近你。你不仅仅能理解它们，还能感受它们。

许多市民不喜欢食品券计划（现在被称为SNAP，即补充营养援助计划）[9]，因为它好像是一顿昂贵乃至奢侈的免费午餐。

补贴总额[10]听起来很庞大——2018年为610亿美元。但如果我们把这个数字分解为每人每餐[11]的补贴（没错，回想一下"聚焦于1"那一章的内容），平均值只有1.37美元。想想1美元和那些零头，"免费午餐"之少就变得具体起来，但如果把它进一步转换成餐食，这种具体的体验则会增添一丝灵动的色彩。

补充营养援助计划平均每人每餐只提供1.37美元。	一份网站广告食谱（每份低于1.5美元）推荐了以下菜品：1份西红柿通心粉沙拉（每份1.41美元），1份土豆韭菜汤（每份1.28美元），或者差不多3份松脆的金枪鱼砂锅煲（每份50美分）。

无论以上听起来是否像必备食谱，这些菜和奢华都根本沾不上边。对于那些对补充营养援助计划持怀疑态度的选民来说，没什么好让人妒忌的。但即使是这些粗茶淡饭，补充营养援助计划的参与者可能也吃不上——食谱创作者没说的是，虽然菜谱上的菜一餐只需花费1.5美元，但要达到这一价格点，你最好已经拥有了储备充足的食品储藏室和调味架。例如，按食谱做脆金枪鱼需要3汤匙黄油，而黄油在沃尔玛的每磅售价约为3美元——这几乎等同于全天的补充营养援助计划的补助金额。

这里还有另一个将具象事物生动化的例子：

美国最富有的 1% 的人拥有全国 31% 的财富。前 10% 的人持有约 70% 的财富。而垫底的那 50% 的人仅拥有 2% 的财富。	想象一幢公寓大楼，每层有 10 个单元，共计 100 套公寓。最富有的人拥有 31 套。这栋楼里最富有的 10 个人总共拥有 70 套公寓。最贫穷的人与全部身家在 10 万美元以下的人共享所有权。如果这恰好符合你的情况，那么你将和其他 49 个人合住 2 套公寓。[12]

　　你可能会认为这种具体的视觉效果适用于信息图表，的确没错，但别忘了大脑本身就是一个高科技的图形处理器。我们可以想象出该公寓的三维图像（公寓楼贴着棕色的砖，就像钱德勒、乔伊、莫妮卡和瑞秋住的那栋一样）。大脑内的版本比任何信息图表都更引人入胜，因为我们可以感受到和其他 49 人一起挤在两个小公寓里生动的感觉，然而没有任何信息图表能唤起人们的幽闭恐惧感。

　　将具体的事物生动化也能唤醒其他感官。让我们具体想象一下蜂鸟的样子，并且将味觉和身体感受结合起来：

蜂鸟重约 3 克，每天消耗 3~7 卡路里，它们的新陈代谢比人类快 50 倍。	蜂鸟新陈代谢非常快，如果它和普通成年男性一样大，那么它醒着的每一分钟都需要消耗不止一罐可乐——每小时喝 67 罐可乐，每天连续 16 个小时。[13]

人们无法立马理解快速的新陈代谢意味着什么，尤其是倍数高达"50"。但如果想象成每分钟都在喝可乐，我们可以让数字既具体（转换成客观存在的食物）又生动（想象翻滚的糖分，几分钟后席卷而来，然后一整天都在不断累积——难怪蜂鸟翅膀扇动得如此之快！）。这样的话，我们不会觉得自己在读生物课本，而是会好奇心爆棚。

一般而言，生动的东西不仅丰富多彩，也更活跃[14]；它们还更加直观——有些事情此时此地，正发生在我们身上。这些都能使特定的情境让人更加难忘，也更有可能改变我们行动和思考的方式。

当我们谈论私人空间的议题时，如果当中涉及熟悉的行为，就会让人感觉很生动：

2014 年的某个周六，城市人口为 65 万的俄亥俄州托莱多市。在某区域净水厂中发现藻类毒素后，市政官员要求享用城市供水系统服务的 50 万人停止使用自来水。	在俄亥俄州托莱多市区的 65 万居民中，4/5 的家庭从自家厨房的水龙头里接满一杯水时，都会吞下藻类毒素。[15]

在净水厂中发现毒素是条大新闻。可你家水龙头里的毒素则属于对个人的威胁。这种转换让问题直指人们生活受到影响之处。人人都会接满一杯水，所以不难想象，如果这一简单的行为具有致命性，会是什么感觉。

开篇我们提及深奥难懂的一微秒的长度。我们对于真正理解一微秒的概念本身不抱任何幻想。我们在此信奉将抽象转换为具体的价值，是因为它清楚地讲明了一些我们不知道的事情。霍珀的转换浅显易懂。

同理，以下转换中的距离是常人难以想象的，我们都心知肚明：

地球距最近的类太阳系 4.25 光年。	离我们最近的恒星有多远？想象一下，把太阳系缩小到 25 美分硬币那么大。然后在足球场的门柱那里，留一枚 25 美分的硬币，再走向球场另一端的门柱。抵达后，放下另一枚 25 美分硬币，它代表着离我们最近的恒星——比邻星（Proxima Centauri）。两枚硬币之间则是寒冷、黑暗的宇宙空间。[16]

此处的焦点是浩瀚的宇宙空间，在描述一段距离时，这样的具体术语可谓是再好不过了。如果你把所有东西都放在一个房间里，或者一整块大画布上，一目了然的状况，让你不会无从下手。

无论是一纳秒内电子的速度，还是以光年为单位的浩瀚宇宙，要想充分认识这些数字，就需要借助工具。但数字对我们来说是如此陌生，即使对最简单的数字进行具体的转换也能让人从中受益。我们认为自己知道七年意味着什么。但实际上并非如此。任何将数字置于情境中的举动都会放大其影响。

几年前，当奇普要求同学们想出一种帮助消费者了解节能灯优点的方法时，学生们反倒给他上了一堂关于"具体"的课。
当时，节能灯的价格（大约 7 美元）比传统白炽灯高（1 美元），
但耗电量只有后者的 1/4。到学生做报告的时候，一组同学说，
他们基于奇普教授的原则，擅自修改了这份作业。"从根本上来
说耗电量是抽象的，"他们说，"所以我们决定从易于更换的角度
入手。节能灯泡的使用寿命是七年，这可比每年都换灯泡好多
了，尤其有的灯换灯泡很费劲。"他们的转换可见右下方。

节能灯的耗电量是普通灯泡的 1/4，与"一年一换"的传统灯泡相比，节能灯可以实现"七年一换"。	在你的孩子学走路的时候，把灯泡换成节能灯。下次你要换灯泡时，孩子已经上二年级了，他正在学习有关氧气的知识。再下一次，他们就得去上驾校了。

　　在奇普长达 20 多年的教学生涯中，这是他为数不多的几次
听到学生们为某个同学的回答鼓掌称赞的时刻之一。他本人也鼓
掌喝彩了。

　　七年看似简单。但时间流逝却是一个难以理解的概念。在实
际生活中，常言道"光阴似箭"，只有当我们关注鲜活生动的人
生里程碑时，才会注意到它。一旦付诸行动，我们不仅能够理解
它，还会真正感受到："哇，这可真是个耐用的灯泡！"（另，与
孩子共度的美好时光总是那么短暂！你最好把下周末带他们去动
物园玩提上议程！）

奇普从这个练习中学到了两件事：（1）如果学生想要挑战自我，就让他们放手一搏吧。（2）即使是"七年"这么简单的具体数字也能从"更加具体"的描述中受益。

最后有一个例子可以展示出具体究竟是怎样"点石成金"的。（网上流传了许多版本，我们已经为你核查过该版本了。）

想象一下，如果将地球上 77 亿人口比作生活在一个小村庄的 100 位村民[17]：

>> 26 位村民是儿童（14 岁或以下）。5 位村民来自北美，8 位村民来自拉丁美洲，10 位村民来自欧洲，17 位村民来自非洲，60 位村民来自亚洲。

>> 31 位村民是基督徒，24 位村民是穆斯林，15 位村民是印度教徒，7 位村民是佛教徒。7 位村民是其他宗教的信徒，16 位村民无宗教信仰。

>> 7 位村民将英语作为第一语言，另外 20 位村民将英语作为第二语言。14 位村民是文盲，7 位村民取得了大学学位。

>> 29 位村民肥胖，10 位村民挨饿。

这些原始数据来自一个庞大的人口统计表格——它太长了，以至于你都无法在文中把它们列全。很少有人会主动去阅读这些信息。

但这些统计数据都与人有关，表达它们的具体方式就是从人的角度出发。一旦你开始想象个体，不是那些数以十亿计的人（多得数不清或者根本见不着面的那种），而是把他们视作你所居住的社区里那些真正的居民，数字就能被人充分领会了。这不是某一特定问题的模型，但无论是起草一份全球政策还是营销计划时，它都可以帮助你重新思考世界上究竟生活着什么样的人。

无论我们的数学工具包有多么发达，它们永远都不会和我们思考具体问题的工具箱一样源自本能。所以，我们要巧用大脑的力量，让数字具体化。

第 七 章

转化成不同度量衡：时间、空间、距离、金钱和品客薯片

如果你以 30 英里每小时的速度开车，这趟旅程的感觉就如同在家附近溜达一样悠闲。如果车长 30 英尺，那它就是辆超长豪华小轿车。如果它重 30 磅，那无疑就是个玩具。如果车子温控设定为 30 度，要么太冷（按华氏度计算），要么太热（按摄氏度计算）。"30"这个数字本身并无意义——你可以使用不同的单位来衡量不同的体验，而体验则是由大脑的不同区域来处理的。

你不妨利用这一点来理解数字。如果数字、计算或者对比没有产生显而易见的效果，不如试试把它"改头换面"成其他形式，如距离、体积、密度、速度、温度、金钱、时间等，看看这样是否有助于理解。

在多数情况下把数字转换成时间都会奏效，因为生活在一个被日程表支配的世界里，我们都有相当丰富的计时经验。你可能不知道家 / 办公室与最爱的咖啡馆间的确切距离，但知道到那里

得花多长时间。

注意，在下一个案例中，仅仅简单地将抽象数字转换成时间就具有"点石成金"的神奇效果。它能让数字感觉更加真实，因为我们谈论的是自己的生活。[1]

100 万秒是 12 天。[2]	10 亿是 100 万的 1 000 倍。	10 亿秒是 32 年。[3]

尝试在每个维度上进行这些转换。比如说，要把某数乘以 300。这是什么意思？如果你把美国人的平均身高（5 英尺 6 英寸）乘以 300，此人就比顶部放上自由女神像的埃菲尔铁塔还要高。[4] 这还意味着，你不是从曼哈顿的第 34 街走到中央公园，而是一路狂奔至加拿大蒙特利尔。"只需 1 分钟"就会造成 5 个小时的延误（机场每天都在发生）。5 美元的账单膨胀成 1500 美元。和老板同乘电梯感觉像是经历了漫长的 10 个小时。

以上皆以不同的方式实现了发自肺腑的表达，而不是简单地把数字乘以 300。每种都各有千秋。把这一章视为灵感源泉——你的锦囊库里需要备有一组交易工具，而不是一套严格的规则。

看看你能否掌握以下每种转换：

用时间换金钱

> 我们开发团队里有 100 名工程师，他们会喝掉很多咖啡……为每层楼配备新的咖啡机需花费 15 000 美元，此外我们还需额外继续支付供应及保养费用。

> 如果每人每天花 10 分钟去茶水间喝咖啡，仅在这一件事上，我们的工程师部门每周总共需花费 80 个小时。新咖啡机在几周内就能回本，之后，它们还能为公司盈利。
> 现有体系就好比我们雇用了两名在办公室和茶水间来回走动的全职工程师，他们在走道里展示出的戏谑水平甚至还比不上白宫西翼的水准。[5]

用你能计算的事物来表达概率

> 英国有 5 000 多万人口，每天约有 50 人死于意外（浴缸滑倒、被洪水冲走、从梯子上跌落）。人们死于事故的日均风险约是百万分之一。

> 任何一天内，你在英国意外死亡的风险和你去猜测某人在公元前 500 年到 2200 年 8 月 1 日间到底挑了哪个日子的概率一样。[6]

研究人员对上述百万分之一的意外死亡概率进行了研究，并且兴致勃勃地为各种类型的风险建立了基准单位。[7]他们把这种百万分之一的单位称为"微亡率"（micromort），同时开始收集数据，以明确各种风险造成死亡的微概率：日骑摩托车 44 英里的微亡率为 11，接受全身麻醉的微亡率为 5，跳一次伞的微亡率为 7。但这相当于各种风险造成的经验死亡率，并不能帮助人们亲身感受其中存在的风险。

我们基于霍格沃茨而非微亡率，对有关概率的普遍度量提出一种建议：想象图书馆里有一整套《哈利·波特》系列藏书。[8] 从书架上取下第二卷《哈利·波特与密室》（它一直是你的最爱），剩下六本书加在一起总共约有 100 万单词……现在，从中任选一本，翻开任意一页，在任意某个单词上画一个红色的 X。然后把这本书放回原处，去咖啡馆里阅读《哈利·波特与密室》。

现在，如果有其他人进入图书馆，随手翻开其中一本书的某一页，并且把手指放在一个单词上，他们选中带有红色 X 记号单词的概率正是百万分之一。

哈利·波特的度量标准也可以被扩展到思考其他事情发生的概率。例如，如上所述，人们死于跳伞事故的概率是 7 微亡率（约是百万分之七），所以你可以让一个朋友在余下的书里划掉 7 个单词。在这种情况下，哈利·波特的类比会让我们更加勇敢。"百万分之七"让人心生畏惧，因为大家的注意力被那 7 个"倒霉鬼"所吸引，从而忽略了那 999 993 个完成遗愿清单上待办事项的幸运儿。想想你只在数千页纸上画了 7 个红叉，就能帮助我们以一种不那么恐怖的方式看待风险。

中强力球彩票的概率：1/292 201 338	想象一下，猜一猜某人此刻正在回忆哪一天中的哪一刻，时间范围是从他出生至 9 岁的任一天、小时、分秒。如果你能猜中，你就中彩票了。	头奖归你了。你所要做的一切就是说出某位美国居民的名字。答案就写在那张折叠的纸上。（提示：他们的年龄大于 10 岁。）

将抽象数字转换为事物的数目

想想那些由许多部分组成的事物：筑起万丈高楼的一砖一石、满满一池浴缸中的水滴、皇皇巨著中的一字一句、千里之行中的匆匆步履。

2016 年，拨给美国国家艺术基金会（National Endowment for the Art,NEA）的 1.48 亿美元占联邦预算支出（约 3.9 万亿美元）的 0.004%。假设我们为了回应批评而取消这项预算。	为了平衡预算而取消国家艺术基金会拨款，这种做法就好比编辑一部 9 万字的小说，却只允许你删除 4 个单词。[9]

将卡路里转化成人们熟知的行为

单颗 M&M 巧克力豆的热量是 4 卡路里。	为了消耗一颗 M&M 巧克力豆所含的卡路里，你得爬两段楼梯。
单片品客薯片的热量是 10 卡路里。	为了燃烧一片品客薯片所含的卡路里，你需要走 176 码①，或者穿过两个足球场。[10]

将具体状况转换为人人都能理解的矗立在地球上的自然景观

她的论文跻身科学网（Web of Science）排名前 100 位的"高被引论文"。
"学术文献的巨大规模意味着排名前 100 位的论文都是极端的'异类'。科学网有 5 800 万个条目，如果该语料库的规模等同于乞力马扎罗山，那么 100 篇'高被引论文'仅能代表顶峰处的 1 厘米。被引量超过 1 000 次的论文只有 14 499 篇——大约高 1.5 米。与此同时，山麓地带还充斥着一些只被引用过 1 次（如果有）的作品——该类别集合了近半数的条目。"   ——《自然》杂志网站（Nature.com）[11]

　　既然已经看了好几组跨维度的转换，我们不妨花点时间欣赏一下数字的"神通广大"。如果我们听说某外来物种拥有一个

---

① 1 码约等于 0.914 4 米。——编者注

"万能词"，它既可以有效地描述山的高度、旅行的速度、游戏的难度、食物的营养含量，也可以描述瞬间的反应、我们每天的规划、生命的流逝，以及我们在出版界取得的相对成功，我们理所当然地会对其语言的张力和灵活性产生敬畏之情。但实际上，数字可以实现以上所有事情。

即使是经常与数字打交道的老手也经常会忘记这一点。我们可能想让数字不言自明，但放任不管会导致它们独特的灵活性被严重低估。只要有可能，我们就应该利用数字的惊人力量来描述人类体验的所有维度，它绝对可以讲得通。

无论你试图解释一个数字，还是尝试让自己去理解它，请记住它的魔力。这里有个练习：你有多少种让人们理解 1% 的方法？ 这是一个司空见惯的数字，但我们可能并没有什么直观感受。你要怎么转换它？使用何种维度呢？以下案例仅供参考：

>>1 美元中的 1 美分。

>>100 年中的 1 年。

给自己两分钟的时间和他人一起开动脑筋，然后看看我们的想法。①

———

① 感觉 / 判断 / 理解 1% 的方法：一罐品客薯片 100 片中的 1 片，两副牌里的 1 张牌，1 年中的 4 天，百米跑中的 1 米，中等长度电影中的 1 分钟。

混合度量衡的负面案例

1981 年 2 月，罗纳德·里根在国会讲话时，用以下案例来解释史上首次近 1 万亿美元的国债：

> "如果你手里拿着一叠仅有 4 英寸高的千元大钞，那你就是个百万富翁。而一万亿美元相当于一叠 67 英里高的千元大钞。"

作为一位才华横溢、魅力非凡的沟通者，里根试图让美国人相信，美国国债债台高筑。站在里根背后支持他的是一群政治学家、政策研究者和专业的演讲稿撰稿人。这支由举国上下最能言善辩的人组成的团队，试图就一项对保守主义原则颇有意义的问题，急切地说服美国公众。他们非常重视这些原则，自然没有提及负债是为了资助规模过大的政府部门。他们拥有全球"天字第一号讲坛"，以及全美三大电视网的跨平台曝光，要知道大多数美国人可都是目不转睛的"电视迷"……尽管占据了天时地利人和的优势，这些人却选择摞起一堆钱。

你上一次通过摞钞票来审核价格是什么时候？你最后一次在市场看到这样的牌子——"牛油果：一堆 3.07 英寸高的镍

币"[12]——是何时？（是的，我们审核了笑话中的数字。[①] 没错，我们承认自己是奇葩。）

"67 英里高"很抽象。债务规模仍然是个谜。为了说清楚这一数目，他还能放什么大招呢？

如果里根使用"1"的力量，说每个男人、女人和孩子都负债4 000 美元，结果如何？或者如果他把人们分组，然后说每个家庭大约负债 12 000 美元，效果也许会更好？

虽然可能显得没那么可怕，但事情的确会清楚得多。大多数家庭所欠的抵押贷款都超过了这个数目。1984 年房价的中位数是 80 000 美元。假设人们在付了 20% 的首付后，为剩余部分筹措资金，那么一个典型的家庭将背负 64 000 美元的贷款债务。

降低恐怖感后能否满足里根的目的这一点值得商榷，但如果将该数字视为每家每户应尽的义务，而非摇摇欲坠的成堆钞票，可能会促使两党就债务问题展开讨论。

当遇到数字时，我们应该运用直觉进行判断。直觉往往能帮助我们厘清更为抽象的维度。当把百万和十亿换算成秒时，我们就"知道"了两者的区别；当在足球场上步测距离时，我们也就能更好地理解光年的概念。任意选择度量衡并不等同于改进，堆起万亿美元的现金也不能帮助大家就国债问题展开富有成效的讨论。但是，明智地将数字转换成有用或者相关的维度，可能会

---

① 牛油果均价约为 2 美元，镍币厚度为 1.95 毫米。40 枚镍币 ×1.95 毫米 =78 毫米高。除以 25.4 毫米 / 英寸 =3.07 英寸。

改变人们的思维或者行为方式。通过在《哈利·波特》百万字的鸿篇巨制中划掉 7 个单词，来想象跳伞悲剧发生的概率，会让我们有勇气将跳伞列入遗愿清单。当转换数字赋予你我从翱翔于万里碧空的飞机上纵身一跃的勇气时，我们对它的强大坚信不疑。

第 八 章

以人为尺：放大或缩小，让数字被重视

我们刚刚展示了一个糟糕的对比案例——将万亿美元与高耸入云的一沓钞票相提并论，没有人能真正想象这样的场景，因为在世界上根本不存在这样的情况。

有些东西太大了以至于难以衡量，比如太阳和我们的距离、海洋的容量，以及珠穆朗玛峰的高度。有些东西又太小了，比如纳米微粒、病毒、我们获得防弹少年团（BTS）演唱会门票的机会。为了理解比自身经验更宏大或者更微小的维度，我们需要以人为尺。

我们该如何通过与其他山脉进行比较，从而理解珠穆朗玛峰的高度？把自己想象得细小至极，却仍然可见，我们就不会迷失方向。

表格中间的转换把人缩小到铅笔橡皮那么大后，你发现珠穆朗玛峰有一栋七层半的楼那么高。然而在日常体验中，以这幢建筑为参照物做比较并不理想：对城里人来说它太矮了，但对乡下人来说它又太高了。

珠穆朗玛峰高 29 000 英尺。	如果人和铅笔橡皮擦一样高,那么珠穆朗玛峰将是一座 7 层半高的楼。	如果说 6 张扑克牌平铺摞起的高度就是一个人的身高,珠穆朗玛峰就相当于郊区一幢带阁楼的二层小楼。[1]

　　表格最右边的转换,更贴近大多数人的生活经验。如果人类缩小到 6 张扑克牌叠起来那么高[2](就很容易把我们置于容易转换的 1 000 比 1 的比例尺上),珠穆朗玛峰将是一座 29 英尺高的建筑,和郊区的二层小楼一样高。世界第二高峰乔戈里峰(K2)高 28 英尺 3 英寸,仅比珠穆朗玛峰矮 9 英寸。

　　进行正确的比较是客观看待事物的开始,人们也能由此产生新的洞见。不难想象,在气势恢宏的建筑面前,一叠卡片显得多么渺小。但可能让你惊讶的是,K2 的高度其实与珠穆朗玛峰非常接近。这种情况并不少见。它之所以被称为 K2,或者喀喇昆仑山脉 2 号,是因为该地区还有很多巨大的山脉,科学家们甚至都没花心思给它们命名。喜马拉雅山脉总共有 100 多座海拔超过 23 000 英尺的山峰,或者说它们在我们的比例模型中高 23 英尺。群峦叠嶂,让人顿生"一览众山小"的感觉。

　　事实上,喜马拉雅山脉"赢在了起跑线上":它们坐落于平均海拔达 14 800 英尺的青藏高原上——那是"山麓"之巅。

所以想象一下，亚洲的高山就像一个跨越了好几个街区的社区。这些建筑（山）有 23~29 英尺高，最高的要数珠穆朗玛峰。它们共享青藏高原这一"平台"，它离地 14 英尺 10 英寸。

其他社区与之相比如何？落基山脉的最高峰为 14 英尺 5 英寸，它甚至还没青藏高原这个"平台"高。阿尔卑斯山脉的最高峰勃朗峰高 15 英尺 9 英寸，至少比青藏高原这个"平台"高出了约 1 英尺。阿巴拉契亚山脉的最高点为 6 英尺 11 英寸，低到连普通人都能摸到它们的山顶。苏格兰所谓的高地最多有 4 英尺 5 英寸高。与一小叠卡片相比，它依然高耸，但与世界最高峰相比却微不足道。

尽管转换需要花一些时间，但这种简单的操作也能增强我们对世界地理的了解。几十年来，我们漫不经心地学习地图册里的数字，哪怕接受了学校有针对性的教学，也从来没能真正搞懂它们。这一转换恰好采用了正确的比例尺。如果我们把山脉设置得太大，它们就都变得遥不可及。但如果太小，我们就无法意识到它们的差别。当然还有人，也就是那六张牌，都无法出现在地图上。

一个值得称赞的、以人为尺度的对比，往往会利用日常用品来提升清晰度。要使用具体且人们熟悉的东西。

回想前面提到的事实：世界上只有 2.5% 的水是淡水，而超过 99% 的淡水存在于冰川和雪地里。仅有 0.025% 的水实际上可被人类和动物饮用。

如果把全世界的水都放进一个奥运会标准的游泳池里，人类只能饮用其中 46 加仑的水——这大概相当于一个标准浴缸的容量。

如果把全世界的水放进容量为一加仑的罐子里，人类能喝的还不到 20 滴。[3]

相较于一连串的百分比，用水池和加仑罐来做对比会更好。

但是，尽管奥运会标准的游泳池足够具象，人们仍然对它不熟悉。我们可能亲眼或者在电视上看过标准泳池，却无法直接知道里面究竟有多少水。

如你所见，人们使用"奥运会标准的游泳池"、"大象"和"大型喷气式客机"这样的度量标准，是因为我们有一种"大型主义"的偏见——本能地追求大型以及看上去令人印象深刻的比较。"大型主义"给感官带来震撼，却无助于对事物的理解。过了某个时间节点后，除了感叹我们别无所获。

在珠穆朗玛峰的案例中，我们反向操作，把气势磅礴的山脉变成了中等尺寸的房屋。这就是以人为尺度的力量。穷尽一生，我们都始终"望山兴叹"……但现在，我们终于可以说："哦，我明白了。"

除了误导你使用不当的度量衡，"大型主义"还会使我们面临"不熟悉"的体验。没人填满过一个奥运会标准的游泳池，并且谁都不希望自己在浴缸里喝高。诸如此类的经历皆是人类的"记忆黑洞"。

但是，看看第二个使用了加仑罐的案例。我们之前就填满过一个加仑罐，还喝下其中几滴水。右边的对比很容易让人展开联想，你甚至无须联想氯的味道。

下述另一个案例，恰到好处地说明了普通物体是如何打败"大型主义"的，并且它使复杂的事物更加令人印象深刻。以下实例来自杰弗里·克卢格撰写的《阿波罗 8 号：惊心动魄的首次登月任务的故事》（*Apollo 8: The Thrilling Story of the First Mission to the Moon*）。

> 为了安全地进入大气层，阿波罗 8 号的机组人员必须瞄准一个略宽于 2 度的再入口。
>
> 让一个棒球和一个篮球相隔 23 英尺——这大约是三分线到篮筐的距离。请准备几张纸："如果地球有篮球那么大，月亮和棒球一般大，二者相距 23 英尺，那么这个 15 英里宽的太空飞行器的再入通道和一张纸的厚度差不多。"

要想为该案例找到合适的参照物比对并不容易。地球大小、月球大小、两者间距，还有薄如纸张的再入通道，是四个必不可少的测量物。如果聚焦正确，以人为衡量尺度可以同时展现这四者。如果我们试图增加再入通道宽度（比如，用一张信用卡来代表它），月地间距就会变得过大，以至于任何常规的空间都无法承载它。这个简单的说明——它易理解，实际上也不难创建——让我们意识到美国国家航空航天局任务的难度，对他们来说，最常用的计算设备不过是一把计算尺，仅凭借低技术含量的精巧装置，他们就能落实诸如重返大气层之类的精确行动。

我们可以缩小"庞然大物"，也能放大"秋毫之末"。鉴于本书作者对自然世界中动物导航力的阐述，我们不得不对沙漠蚂蚁佩服得五体投地。

"沙漠蚂蚁在离巢穴数百米远的地方觅食，用人类的话来说，其搜索半径约为38千米。然而，一旦蚂蚁找到食物，它们就能确定径直返回巢穴的直接路线，并且误差范围只有1平方厘米。"	"……沙漠蚂蚁的搜索半径相当于人类的38千米"——等同于从马里兰州国立卫生研究院到弗吉尼亚州五角大楼的距离，覆盖面比华盛顿市区还要大。"然而，一旦这些蚂蚁找到食物，它们就能在1平方厘米的误差范围内找到巢穴。"——这约有一粒M&M巧克力豆那么大。[4]

我们很难彻底了解蚂蚁为了寻找食物究竟走了多远，直到把它们放大至人类视角下的大小。这样做以后，就发现它们在一个和华盛顿市区差不多大的地区游荡，由此，对它们出色的导航系统惊叹不已。想象一下，你在街上晃悠，经过美国国会大厦、华盛顿纪念碑、白宫，一路向北走到使馆区，再反方向折去南端的五角大楼，并且随时知道该往哪个方向走才可以径直回到酒店房间。谷歌地图都没这么好使。

以下案例实现了一种时间维度上的放大。人类几乎难以察觉光速和声速之间的差别——光与声出现时的间隔实在太短了。但是如果我们对它们进行减速，把它们抵达我们的时间延长呢？

光每秒传播 186 000 英里。声音每小时传播 760 英里。[5]

想象跨年倒计时的时候，即 1 月 1 日的午夜时分将有一场盛大的烟花表演。午夜降临，你急切地蹲点观看，零点过后 10 秒左右，你看到了烟花的光，盛大璀璨，不愧是你见过的最壮观的表演。

问：声音传到你那里需多长时间（假设物理定律允许你听见它）？

答：如果光抵达你那里需 10 秒钟，那么 4 月 12 日你才能听见声音，恰好让人们误以为它拉开了 4 月雨季来势汹汹的序幕，之后万物将迎来艳阳花开的 5 月。

在放大以上两个数量时，我们都运用了以人为参照的尺度。之所以必须得考虑选择一个能将光和声音相连的切入点，是因为这样我们就可以同时兼顾"10 秒"和"3 个半月"的时间节点，幸运的是元旦前夕恰巧是一个达到理想效果的当口儿。我们在倒计时中喜迎新年，再往后掰着手指头细数每天、每周和每个月。

放大也能彰显经济上的差异。

据西北大学的研究人员称，有孩黑人家庭财富与有孩白人家庭财富比为 1 美分：1 美元。	以下两个思维实验，可以帮你明确美分/美元的差异：假设一个孩子摔断了腿，需支付 1 500 美元的医药费。如果普通的白人家庭拥有 2 000 美元的活期存款，黑人家庭只有 20 美元。到了退休之际，白人家庭有 50 万美元的积蓄，而黑人家庭的积蓄只有 5 000 美元——然后发现自己可能还无法退休。[6]

我们很容易忽略这样的比较，因为太习惯于看到"跳楼大甩卖"这样的短语了。问题是，没人会注意美分和美元的区别。两者都没有"改变人生"的魔力。尽管它们看起来都是以人为参照物做比较，却无法在财务议题上发挥应有的作用。

换个思路，别执着于美分和美元了，我们不妨具体到个人，对财富真正带来改变的情况进行比较。比如看急诊时，钱包充盈与没钱治病有着天壤之别；退休后，毫无后顾之忧与仅靠微薄的积蓄勉强度日，亦是云泥之别。

以上案例相对容易放大，因为我们处理的是美分对美元的比率。比率可以上下波动。其余时候，若是将微量事物带入人类的尺度则需要不同的处理方式。我们需对其进行相加，直到它们足够引人注目。

一项针对模范教师的研究发现，他们耗费了大量的时间处理后勤事务。高效率的高中数学老师会在学生们刚进教室时，就在黑板上写下"现在就做"几个大字（比如，证明 A 角等于 F 角）。上课铃一响，老师切入正题，这样同学们就知道得在正式上课前把题目做完。

你该怎样说服老师采纳"现在就做"的方法？

"如果每堂课你都布置一道'现在就做'的题目，你就能额外获得 5 分钟的讨论时间。"	"一年中，如果每堂课多 5 分钟，一学年就多出了 3 周。想想看，你能在额外的 3 周课时里塞入多少炫酷的演示或者有意思的话题。"[7]

从老师的角度来看，额外 5 分钟的讨论时间似乎并不多。一些老师也许无法想象自己能在那么短的时间里做点什么，也就不太可能去准备额外的材料。但如果该种做法最后能让他们从一学年里"抢出"3 周课时，任何富有激情的老师都会对这一真实可感的结果心生赞叹。额外 3 周实际上意味着你有更多时间来教授你真正关注的东西，并且大幅减少截止日期带来的压力。如果只需要你做一个简单练习，这的确值得一试。

无论你是否参与教学，这里还有另一个例子可供你应用：

美国人平均每天在社交媒体上花 2 个小时。

vs

假设你愿意放弃周五刷脸书的 2 小时。5 个月后，你就可以宣称自己已经读完了整本的《战争与和平》。你要做的只不过是周五不玩脸书。[8]

不过，进行干预似乎并不难。如果只是一周一天，并不意味着你能快速戒掉坏习惯。但额外的 2 小时也不会改变你的生活，尤其是当你在工作上力不从心或者没劲儿去锻炼的时候。

然而，随着时间的推移，日常行为中一个简单的改变——读书而非刷脸书动态——就可以累积出真正的成就。这里有一些在 5 个月的每个周五"可达成的成就"：（1）阅读《战争与和平》：给俄罗斯朋友和邻居留下个好印象，也许你再也不用买伏特加，或者完全不想喝它了；（2）读完整套《指环王》三部曲：

建立"极客人设",与魔戒主人探讨"开天辟地"的艺术,学着说点儿精灵语;(3)读完《大英百科全书》"史上最伟大的100本小说"清单上一半的书——包括《了不起的盖茨比》《简·爱》《紫颜色》和《瓦解》。

诸如此类的活动都能让你与朋友(你的线下朋友,接种新冠疫苗后一起玩耍的朋友)再见时,开启一段段妙趣横生的交流。但这些都不是你人生中最大的成就——与学习中文、掌握物理知识或者成为一名机械师相比,这完全不值一提。可它们却是成年人学习道路上的里程碑,有助于你提高专注力。

无论缩小山峰还是积累瞬间,以人为参照都能把我们带入体验的王国,帮助我们更全面地理解事物。训练有素的我们会注意到更多事物。很明显,有一些巨大或者微小得不可思议的东西——比如用望远镜或显微镜才能看到的东西——会超出人类可直接感知的范围,但还是有许多东西恰巧处于人类经验的边界之上,它们也超出了我们能够完全理解的范围。

在以人为参照感知沙漠蚂蚁的导航能力之前,我们可能会羡慕蚂蚁能在数百米外的地方觅食,但那是一种非常抽象的钦佩。当事物处于人类可感知的范围内,我们的理解会加深,感受也更丰富。由此,我们对沙漠蚂蚁说不清道不明的钦佩升华为深深的敬意。毫无疑问,沙漠蚂蚁应该(与麦哲伦和伦敦的出租车司机共同)被载入世界最优秀航海家的史册。如果数字得不到足够的重视,不妨试试以人为参照物,对它进行缩小或者放大。

第三部分

使用出人意料且意味深长的
"情感数字"，
转变人们思考和行动的方式

第 九 章

告别"干巴巴",弗洛伦丝·南丁格尔玩转 "移情"大法

19 世纪 50 年代,英国。在克里米亚战争的余波中,涌现出了一位新型英雄。从战略层面看,这场战争取得了成功,英国与法国、撒丁王国、土耳其军队组成的联盟,果断地阻止了俄国的入侵。但对英军来说,战争无疑是一场灾难。军队医院里的战士们几乎被传染病和疏于照管摧毁殆尽。直言不讳的外国报道将这一事实带回国内。1855 年,战争中期时,伦敦《泰晤士报》写道,"前线甚至连做绷带的亚麻布都没有,伤员们只能在极度痛苦中死去"。

拯救军队于水火之中的英雄并非某位将军,而是一名 34 岁的行政人员,她叫弗洛伦丝·南丁格尔。战前,她曾在专门照顾疾患贵妇人的机构里工作。南丁格尔家境优渥,从小意志坚定、求知欲强,她除了为自己所处阶级的女性们争取艺术和音乐,还推动更加广泛和严肃的教育。她痴迷阅读,随父亲学习数学、科学和古典文学,并且在凯撒斯韦特女执事学院(Kaiserswerther

Diakonie）学习医学，这是一家专门为路德宗女执事建立的医院和培训所。

1854 年，南丁格尔向军队提议，让她带领一支自己招募来的救伤队赴前线医院帮忙。这支队伍由 38 名护士志愿者组成。到达土耳其后，她们发现那里脏乱不堪。医院里，老鼠横行，士兵们身上缠着的带血绷带好几天都不换。他们获得的少量食物通常也是发霉、腐烂或者腐臭了的。

连续每天工作 20 个小时，南丁格尔扭转了局面。她忙得只能站着吃饭，还请求家里人给她寄送干净的毛巾。她让医院里的所有设备物尽其用，并且设定好常规流程，以确保供应商提供的食品是健康且未变质的。她自始至终都在搜集数据。战争结束后，她不仅整顿了前线的医疗系统，大大降低了战争后半程的伤亡率，还被人们推崇为民族英雄，全国媒体争相报道了她的先进事迹。

尽管南丁格尔回国时备受爱戴和尊敬，但她认为自己的使命还没结束。她正确地认识到，如果不进行实质性的改革，曾在前线夺去许多人生命的混乱无序将继续伤人害命。她有赢得女王和军事首领们关注的影响力，也有支持自己论点的数据。但仍然面临着一场艰苦卓绝的战斗。她需要说服那些位高权重、抵触改变的人——军官、医生、勋爵和贵族们——即使一场旷日持久的战役已经结束，他们也不可能恢复往昔的正常。

南丁格尔及其朋友、医生兼统计学家威廉·法尔等人交流了搜集来的数据。法尔是位能够顺畅地理解数字语言的专家。事实上，南丁格尔在写给法尔的一封信里责备了他对撰写无聊透顶的统计报告的抱怨。"你抱怨自己的报告枯燥无味。但越干巴巴越好。统计学就应该是最枯燥的阅读。"但当她更广泛地阐述己见时，实际上她却并没有用干巴巴的形式来呈现数据。在其撰写的信件、文章和证词中，她对统计数据的运用生动、令人信服，且颇具新意。

但南丁格尔意识到，仅让人们理解数字，并不能阻止事情的发生。我们需要对数据进行形式上的转换，才能激励核心参与者采取行动，克服体制惰性，推翻引发克里米亚战争悲剧的政策。数字需要被转化成一种更强有力，也更具煽动性的形式，才能激励人们采取行动。

她以领先同时代一个多世纪的前瞻性，开始进行等量购物篮计算。

在头 7 个月里，13 095 名士兵中有 7 857 人死亡。	南丁格尔的转换：每 1 000 名士兵中有 600 人死亡。

原则：使用小型、等量的购物篮进行测量。

南丁格尔首先把数字简化成可以与其他事物相提并论的东西。你应该还记得我们的提议：使用小篮筐量进行计算。"每 5 名士兵中，就有 3 人会死亡"也许更能对普通人造成冲击。

但我们也强调多用受众熟悉的数字，军事指挥官和政策制定者习惯做出可以影响普罗大众的决定。此外，计数只是南丁格尔探索核心方法的手段，其最终目标还是找到可用于比较，以及进行大的数量的类比。

她确保自己找到的是"能够引发情感共鸣"的比较。

统计转换：每 1 000 名士兵中有 600 人死亡。	南丁格尔的转换："在克里米亚战争的头 7 个月里，仅疾病造成的死亡率就超过了伦敦大瘟疫。"[1]

原则：使用"比较级"（见下一章），它因为处于接近参照点的位置而显得特别生动。

大瘟疫是黑死病的委婉说法。作为英国历史上最著名的大规模传染病，黑死病让伦敦人刻骨铭心。

在军队医院，和平时期 25~35 岁的英国士兵死亡率为 19/1 000，而伦敦医院中平民的死亡率为 11/1 000。	南丁格尔的转换："在英国炮兵和近卫军队伍中，19/1 000 的死亡率真的令人震惊。鉴于平民死亡率仅为 11/1 000，这就等于每年在索尔兹伯里平原枪毙 1 100 人。"

原则：让数字生动具体。

没有什么比让士兵并排列队，再枪毙他们的画面更生动了。（对比想象一下，当一名士兵因为被感染而导致你被动地"失去"他们时，你有多么缺乏紧迫感。）

　　"1 100"这一数字是由和平时期士兵的死亡率乘以参军人数得出的。索尔兹伯里平原不是国外战场，而是英国的练兵场，它构成了英国最著名的地标——巨石阵的背景。通过在那里上演"处决"戏码，南丁格尔生动具体地展示了统计数据——令人触目惊心的屠杀非但没有发生在外国战场上，反而在通常用于展示本国军事实力的阅兵场上演。

　　她使用了一个受众已知的事件来做比较：

　　每年有 1 100 人死于可预防的疾病！

　　南丁格尔的转换："听闻'伯肯黑德'号上有 400 人死于在海上航行时的疏忽，我们都很惊恐；但是，试想如果被告知，每年本国军队中有 1 100 名士兵因本可避免的原因而难逃一死时，我们会作何感想？"

　　原则：见下一章关于比较级的内容。"伯肯黑德"号的故事像一个存在已久的情感池（它交织着愤怒和悲伤的情绪）。

　　"伯肯黑德"号相当于 19 世纪中期的"泰坦尼克"号，它也一样命途多舛，这艘船在众人眼中永远不会沉没，但却遭遇了海难。船上 400 名士兵勇敢地将妇女与儿童运到救生艇上，自己却因没有足够的救生艇而溺死。尽管没有明确记录，人们还是将该事件认作"妇女与儿童优先"口号的出处。南丁格尔没有直截了当地表明 1 100 人的规模"几乎相当于一年三次'伯肯黑德'号的死亡人数"，当然她也无须这么做。对当时的受众来说"比'伯肯黑德'号更糟"就已经足够了。

她提供的生动、热情、令人印象深刻、完全不"干巴巴"的统计数据发挥了作用，确保了她煞费苦心确定的系统性问题能传达给英国的高层要员。

南丁格尔是一个善于操纵情绪能量的人——为了达到目的，她动用了不同的情感来源和手段。她重述了英格兰瘟疫的历史。她引导当时的舆论，"从头条新闻中摘取""伯肯黑德"号的悲剧。她引发了关于"因犯罪被枪决或因疏于照料而丧命"这一现代道德哲学问题的大辩论，质问军方为什么允许每年让 1 100 名士兵因缺乏简单的卫生措施而死亡，却永远不可能同意在索尔兹伯里的阅兵场上枪毙他们（士兵们可能会更喜欢这种做法，因为可以免受身体被疾病损耗所带来的痛苦）。

英国军队采纳了南丁格尔的建议后，疾病数和死亡率都下降了，人均住院时间也减少了。军方"原本计划为 10% 的士兵提供医院床位[2]，但自战后进行了卫生改革后，仅有 5%~6% 的士兵需要床位"。当南丁格尔听到军队已经意识到建造了过多的医院时，她一本正经地打趣道："如果病人数量下降如此之多，而导致医院供大于求，那可真不是我们的错。"

南丁格尔完成了不可能的任务：作为一名生活在英国维多利亚时期的女性，她既没有头衔、民选职位，也没有军衔或者医学学位，但她说服勋爵、医生和将军们用不同的方式来看世界。

有位历史学家写了一篇名为《富有同情心的统计学家》[3] 的文章来纪念南丁格尔，并指出她永远不会忘记士兵们在医院里受苦的恐惧。终其一生她都心系士兵们的疾苦。

但是，当南丁格尔想让别人也感同身受的时候，她讲述的不仅仅是自己的情感故事。这是一个常见的陷阱。许多讲故事的人复述个人经历，并且认为其他人也会对该议题产生同样的情感联结。这就像是 "知识诅咒" 的个人版本——忘记你与对象间的关系是由受众可能无法共享的个人经历建立的。有些受众甚至会以个人经验来质疑讲故事的人，因为他们认为 "情绪化" 的故事讲述者缺乏客观性。

通过将统计学家的客观分析与情感诉求相结合，南丁格尔完美地避开了这一陷阱。她没有反问自己怎样才能把切身感受传达给受众，而是充分考量怎么做才能让他们感同身受。南丁格尔表达出了一股悲怆感。她理解这种感觉已经通过共有知识，如黑死病和 "伯肯黑德" 号事件等存在于受众的脑海之中。与其从头开始召唤情感，不如把目标对准业已存在的情感池，从逻辑上说服受众理应对目前军中管理不善的医疗系统感到不快。

那么，鉴于她一直刻意使用情感数字，当她赞美 "干巴巴的数字" 时，我们该怎么想呢？也许这正是知识的诅咒。南丁格尔已经看到了 "不干巴巴的数字" 的积极影响，只是没意识到自己正在做的事情将为数字赋能。当人们询问家庭烹饪专家怎样才能做出大众喜爱的菜肴时，他们经常会给出一份差劲的食谱，这并非出于保护 "家传秘方" 的迫切心情，而是因为他们无法想象厨房新手的视野究竟多么有限。

但当人们提倡 "干巴巴的数字" 时，似乎带有身份和观念形态的成分。"干巴巴的数字" 的概念中藏有一种令人极其信赖的纯粹性。分析型人士更愿意相信来之不易的数字。历史学家也强调过这一点，在维多利亚时代的文化中，人们对数字持有道德上的热情，这种狂热有时几乎类似于宗教信仰。事实上，统计型社会的优势明显。举个简单的例子：法尔、南丁格尔及同事们为医院和更广泛社区的死亡人数建立起一个通用的报告结构，这样，人们就可以得出"心脏病是比癌症更大的杀手"之类的论断。没有他们创造的基础设施，我们就无法回答"有多少公民死于心脏病或者结肠癌"之类的问题。这些问题现在看来显而易见，但在当时，它们改变了社会活动家们能讨论的议题，以及政府官员们不得不承认的东西。

幸运的是，南丁格尔不仅忽略了她给朋友法尔的建议，反而开创出一种全新的情感论据。亚里士多德将说服工具分为理性（冰冷的逻辑论证）和感性（诉诸情感）两种类别。南丁格尔找到了一条折中之路，她用精确、数值相似且令人心碎的类比，把一个个冷冰冰却符合逻辑的统计数字包裹了起来。

亚里士多德提倡的感性和理性不能同时占据修辞的舞台，感性和理性互不干涉。南丁格尔弥补了这一空白，并且成功地将理性与感性的后燃器连接了起来。她创造出令人悲伤的数字、不礼貌的数字、愤怒的数字、悲惨的数字。

我们不太可能知道怎样去感受数字，就像我们不知道该怎样去思考数字一样。我们用"度量衡"来理解抽象的数字，在认识世界的过程中，"土耳其有78.3万平方千米"并不像"土耳其是加利福尼亚州的两倍大"那样奏效。在本书的这部分里，我们将教你一些帮助人们感受数字的工具。面对世界中那么多需要完成的事情，对替代项的感觉不仅会影响我们的选择，也会影响我们追求它的热切程度和应对挫折的方式。所以感受很重要。创造情感数字的秘诀在于，首先要像南丁格尔那样去寻找业已存在的情感池。

第 十 章

比较级、最高级和跨类别

他们的新中锋身高 7 英尺 8 英寸。	他们的新中锋比姚明高 2 英寸。

2011 年 6 月，俄勒冈州波特兰市的气温连续几天飙升至 112 和 115 华氏度。	2011 年 6 月，俄勒冈州波特兰市的气温连续几天飙升至 112 和 115 华氏度。这就好比住在加利福尼亚州的死亡谷，那里 7 月的平均气温为 116 华氏度。

姚明身高很高。雪佛兰科尔维特疾驰如风。死亡谷是座"火焰山"。让数字沾染上情感色彩比想象的容易，我们只需记住一个简单的原则：情感源自情感。所以，你该做的就是找一些已经携带了你所需情感的比较，然后用数字来证明我们为什么要传递这种情绪。这不仅适用于弗洛伦丝·南丁格尔诠释

的充满了悲剧色彩的死亡领域。我们对许多客观的品质，如"高""快""冷""贵""重要"等也会产生情感联想。只要我们选择了正确的比较就能创造出正确的情感。

以下案例可以说明情绪是如何引导我们对一个看似普通的数字——国家公园的参观人数——进行评估的。

美国大雾山国家公园每年接待 1 250 万游客。	美国大雾山国家公园是接待游客量最大的国家公园，其游客人数是第二名大峡谷的两倍多。[1]

大雾山国家公园每年接待游客 1 250 万人。

我们对左边的数字无感。典型的反应可能是"好吧，这对大雾山来说是件好事"。我们很难对公园产生兴趣——它不像大峡谷那样因为在流行文化中扮演了重要角色而"自带光环"。大峡谷是很多人遗愿清单上的目的地，我们都看到过朋友们把它的照片发到网上。

既然有数据支撑，我们可以直接把大雾山与大峡谷进行对比，所有情感也随之而来。听到几百万人的数字时，我们可能会感到无聊——哪里不都有成百上千万的人在旅游吗？但当我们听说该数量是大峡谷的两倍、黄石公园的三倍时，它就成功地引起了大家的注意。

一旦有了这种觉悟，我们就想看看究竟是什么让这座公园如此受欢迎。它面积很大，入口多，好进入；地理位置佳：位于人口稠密地区的主干道旁；附近还有很多旅游景点，比如多莉山主题公园；最关键的是，它是免费的！这样的组合使到这座公园游玩的人数遥遥领先于其他拥有更多标志性景观和地理特征的地方，这也许能帮助我们重新思考该怎样去推动旅游业发展。但它从未引起关注，直到我们知道它"击败"了那些公认的"网红公园"。

在本书中，我们喜欢的众多案例都使用了此类比较。在与帝国大厦做比较前，我们不太明白万吨巨轮"长赐"号是怎么把苏伊士运河堵住的——类比让我们感受到庞大的规模、真实的结构和不容忽视的力量。我们不知道女性CEO有多罕见，直到把她们与詹姆斯进行比较，要知道这不过是大家偶尔会随机遇到的男性姓名。非洲裔美国人生活在刻板印象和歧视中，但许多非少数族裔读者无法体会到这种负担的全部重量，直到我们将其与雇佣重罪犯进行比较——沉重感呼之欲出。对比抓住了人们的眼球。

最高级，不可比的

在数字中注入情感的需要在以下情况中得到了完美的诠释：数字相当明显，但其描述的对象却没有得到足够的重视。数字表明你在很大程度上是最好的，然而受众却认为你只好那么一点点。在这种情况下，该怎样激发受众的积极性？

因为头部效应，有时第一名似乎得到了过多的重视。珠穆朗玛峰确实是世界最高峰，但它可能从中获得了太多的"情感红利"。正如我们在以人为参考物那一章里看到的"二层小楼"的转换，它仅以微弱的优势领先 K2。许多最高级都是这样的。巴里·邦兹比汉克·阿龙多出 7 个全垒打。如果本垒打墙的高度再高出那么几英寸，这一优势就会丧失殆尽。

从理解情感的角度来看，我们对"超级最高级"的处理更有意思，它被称为"不可比的"。这些"不可比的"事物是最大、最好的……把第二名远远地甩出了好几条街。这种数字一出现，我们就应该着重强调它——事实上，你似乎很难错过这一机会。但人们还是错过了。

你可能在学校里学过：尼罗河是世界上最长的河流，但亚马孙河是世界上流量最大的河流。这可能会让你觉得它们之间几乎没什么区别，只是优势不同而已。但实际上，尼罗河仅勉强跻身世界最长河流之列。在长度上，尼罗河仅比亚马孙河长一点点[2]——事实上，如果以某些标准来衡量，它甚至都不是第一，而无论是从流量、流域面积还是支流数量来说，亚马孙河都是独一无二的世界第一。

亚马孙河是世界上无出其右的最大河流。[3]排在其后的 11 条大河中，有 4 条流入亚马孙河。如果将包括刚果河、恒河和长江在内的其他 7 条河流，汇聚成一条超级河流，亚马孙河还是更大。

对这 11 条第一梯队河流的分析消除了关于"哪条河流最大或者哪条河流最让人心生敬畏"的问题。请注意，我们是通过对以往竞争对手进行叠加而得出"亚马孙河更大"这一结论的。

该原则在汽车领域中的另一案例是特斯拉。投资者认为，这家公司有彻底变革行业的巨大潜力，以至于它在 2021 年的市场价值超过了以下几家汽车业竞争对手（包括通用、福特、丰田、本田和大众）的总和。看看上面的转换是如何使用具体的话术，而非数学的方式来表达这些惊人领先的。对真正的"超级最高级"来说，我们理应在没有任何（可见）数字的情况下就可以确立其统治地位。

另一种策略是删减优势，尽管"一只手被绑在了背后"，该"不可比的"事物仍然独占鳌头。例如，"伟大的"冰球运动员韦恩·格雷茨基,是国家冰球联盟（NHL）史上进球最多的人……即使你减去其所有的个人进球数，他仍然是 NHL 有史以来的头号得分选手，因为他从助攻中得到的分数更多。他无论作为个人，还是团队成员都是出色的。

但其他时候，仅在当下的竞争中胜出是远远不够的。你需要将数字与其他完全不同的东西进行比较。

跨类别

就经济实力而言，加利福尼亚州的国内生产总值（GDP）领先于其他 49 个州。	如果加利福尼亚州是一个独立国家，它将是世界第五大经济体。[4]

无论加州的经济规模比排名第二的州大多少，我们对州作为经济体的想象仍然有限。可当想到加州独立坐在经济峰会的大国圆桌之前时，我们就能立马感受到它真正的影响力。

在对比加州与国家时，我们使用了一种名为"跨类别"的技巧——将某物与类别完全不同的竞争对手进行比较，比如在加州的案例中，我们就把州和国家做了对比。

阿诺德·施瓦辛格年轻时曾是健美运动员，作为明星发迹后，又当上加利福尼亚州州长。他曾这样评价另一位具有强大竞争力的健美运动员："那不是胳膊肘，那是腿！"粗壮如腿的胳膊、富可敌国的城市、和食堂一样吵闹的妹妹。跨类别比较会给原来某类别的事物注入额外的情感和他人的重视。

> 2020 年，苹果公司的市值一度超过了 2 万亿美元。如果把苹果想象成一个国家，其股东就是公民，并且这些公民唯一的财富来源就是苹果股票，那么，苹果的总财富仍将超过 171 个国家中的 150 个，包括挪威、南非、泰国和沙特阿拉伯。[5]

如果你曾经怀疑企业是让政府感到棘手的主要的经济参与者，那么这一组关于苹果的统计数据值得细细咀嚼。

你的目标是找到数字能够支配的最大类别，然后让它发挥作用。假设我们的目标是让人们了解畜禽对温室气体排放的影响。其他可供考虑的类别还有：它们和城市一样大吗？地区呢？国家呢？小国还是大国？一个理想的参照系总能集准确和惊奇于一体。

畜禽贡献了全球温室气体排放量的 14.5%。[6]	如果让奶牛组成一个国家，它们将成为世界上温室气体排放量第三高的国度。它们的排放量超过了沙特阿拉伯、澳大利亚或印度，并且超过了欧盟所有国家的总和。仅次于中国和美国。（基于朱棣文的讲话）

第一个数据看起来很普通。我们习惯将农业视为一种经济领域，14.5% 的占比让人感觉畜禽不过贡献了一小部分的排放。但当《纽约客》撰稿人塔德·弗兰德号召大家想象"如果由奶牛组成一个国家"，然后再突然转去谈论养牛业就顺理成章了。如果说印度、欧盟或者像沙特阿拉伯这样的主要产油国不进行改革，我们就无法想象气候变化的解决方案。进行跨类别比较后，我们必须得想象一下有关"奶牛国度"的解决方案了，因为它比任何一个国家都要庞大。

通过目标明确的跨越类别，善于和数字打交道的人可以将技能迁移至另一领域。有数字头脑的人往往不信任修饰性的语言，因为它让人感觉花里胡哨，但我们使用的比较合乎情理且站得住脚。最理想的情况是利用跨类别来联通不同领域，从而创造出新的见解。你如果能将情绪与数字完美地结合在一起，就可以连接世界，应其所需。

第十一章

情感幅度：利用多元素引发共鸣

到目前为止，本书都聚焦于寻找合适的情感基调———一种能够引发共鸣的比较。众所周知，埃菲尔铁塔让人顿感"雄伟"，泰坦尼克号让人直呼"悲惨"，谁都会在连续 6 小时的 Zoom 通话后"筋疲力尽"。如果将数字与这些事物进行比较，我们就能唤醒同样的情感。

但有时候，我们想要的不是某个单一的情感音符，而是一部完整的交响乐，并且希望各种元素协同作业，进而找到比任何单一元素都更加深刻、丰富的共鸣。

想想德怀特·艾森豪威尔总统于 1953 年 4 月 16 日在美国报纸编辑协会发表的著名演讲《给和平一个机会》[1]：

> 我们制造的每一支枪，派出的每一艘战舰，发射的每一枚火箭，说到底，都是对那些饥寒交迫、衣不蔽体之人的掠夺。

制造武器不仅仅意味着挥霍金钱。它还耗费了劳动者的汗水、科学家的天赋和孩子们的希望。一架现代重型轰炸机的成本等同于在 30 多座城市建设现代化的学校。它是两座发电厂，每座可为 6 万人口的小镇供电。是两家证照齐全、设备完善的医院。也是一条 50 英里长的混凝土高速公路。

我们用 50 万蒲式耳①小麦的钱换购一架战斗机，我们用能购买容纳超过 8 000 人的新房的房款买下一艘驱逐舰……无论从任何理性的角度来看，这根本都算不上是一种生活方式。在战争恐怖的阴霾笼罩下，人性都被挂在了铁十字勋章上。

在对数字的具体转换上，艾森豪威尔已经走在了时代前列，他用能够改变生活的实物，而非美元来展示战争所需的花费。但他的演讲稿绝对不是随机拼凑的集合。就文稿本身而言，学校、发电厂、医院或公路都是预算项目。它们组合在一起，就可以营造出更好的社会和更加光明的生活方式。

这类转换的关键在于选择元素的主题足够接近，它们可以相互补充，却不会显得过于累赘。如果披头士乐队里只有四个列侬或四个麦卡特尼，那此披头士就非彼披头士了。该乐队之所以成功，是因为每种乐器、每位成员之间都能互补。

---

① 1 蒲式耳小麦约等于 26 千克。——编者注

进行和谐比较的议题并不是都需要像美国在和平时期复兴基础设施一般宏大。它们也可以简单如糖。

干巴巴的数据： 12 盎司优鲜沛蔓越莓苹果汁中含 44 克糖，或者 11 茶匙的糖。	转换版本： 喝下 12 盎司优鲜沛蔓越莓苹果汁，摄入的糖分相当于 3 个卡卡圈坊（Krispy Kreme）釉面甜甜圈……再加 4 块方糖的含糖量。[2]

如果你只把果汁与几个甜甜圈或者 19 块方糖进行比较，其冲击力显得相当有限。3 个甜甜圈是挺多的，但不会让人恶心。11 块方糖确实不少，但就其本身而言，还是有点抽象——除非你是匹马，否则不太可能以这种形式摄入糖分。

但是，甜甜圈与糖和谐共处，就成功地吸引了我们的注意。对成年人来说，它已经有点太甜了——我们可以想象吃完 3 个甜甜圈后不太健康的感觉。但还是继续嚼了 4 块方糖。这首病态交响曲传递的信息很明确：尽管名字中含有"苹果"和"果汁"两个词，但此处谈论的并不是一款健康饮料。

此外，我们还可以告诉你优鲜沛蔓越莓苹果汁和可口可乐的含糖量不相上下，虽然你可能会对该事实感到惊讶，但你绝不会得知喝下这两种饮料后你究竟摄入了多少糖分。并且它们的含糖量还不完全相同。同样是 12 盎司的饮品，蔓越莓苹果汁多了一茶匙的糖量。不妨想象一下有位同事耐心地将咖啡勺对准可乐罐上的小开孔，以便能多塞一茶匙糖进去。

正如我们从南丁格尔和下面的现代医学转换中了解的那样，情感共鸣的组合也适用于严肃议题。以下案例强调了一种能拯救生命的医疗干预措施，它聚焦于一项鲜有人研究的死因。

在美国，每年有近 27 万患者死于脓毒症。[3] 近来北加州的凯萨医疗集团开发出一种治疗方案，能将脓毒症的死亡率降低55%！[4] 它如果能在美国的每一家医院得到推广，每年可以挽救14.7 万人的生命。这可比每年痊愈的女性乳腺癌患者和男性前列腺癌患者加在一起的数量还要多！[5]

患前列腺癌或乳腺癌都意味着病情已经很严重了，但综合之后，我们感觉无论读者是男还是女，"这都会对你造成影响"。两种癌症势均力敌：乳腺癌是美国女性的第二号杀手，前列腺癌则是男性的第二大死因。它们在我们脑海中的印象相似：有很多关于这两种癌症的游行、捐赠、心理健康意识月活动和丝带运动。

如果我们能拯救所有死于这两种疾病的人，会怎样？你可以想象这种治疗有多棒。一旦我们意识到有一种医疗干预手段可以拯救许多人（甚至更多更多人）的生命时，可能的反应只会是："立即行动！"

以下案例让你看到，从某种意义上来说，为和弦添加音符也会让人感到不和谐。假设你是一名企业家，贵公司拥有一款针对特大城市（人口超过 500 万）居民推出的产品，你试图向团队成员强调，公司需要把战略目光投向中国。

> 中国的几个大城市的人口数量相当于东京、德里、首尔、马尼拉、孟买、圣保罗、墨西哥城、开罗和洛杉矶城市人口的总和。

与其说这是交响乐，不如说是杂音。当读到马尼拉的时候，我们已经努力挣扎着让这些元素彼此协调。每增加一个额外城市都意味着一处截然不同的地方——每次都得跋涉千山万水——我们没法在心理上对其"混搭"。"东京、德里、首尔、马尼拉、孟买、圣保罗、墨西哥城、开罗和洛杉矶有何共同点？"这看起来像是令人恼火实际上无解的谜语。

看看以下更简单的版本吧：

> 在西欧，只有 4 个城市排得上号：伦敦、巴黎、马德里和巴塞罗那。中国有 17 个城市比巴塞罗那大，其中有 6 个比伦敦或者巴黎大。[6]

这一转换让我们只考虑 4 个欧洲城市，它们都是同一集合的组成部分——彼此间的交流长达好几个世纪，同属于欧洲文化之旅的一部分。并且，正如任何伟大的比较一样，它们指出了我们思维方式里的错误。有多少书和电影对西欧的伟大城市进行过深情的描绘？你都没去过那里，对它们的了解又有多少呢？

很少有人能说出所有"中国的伦敦"或者"中国的巴黎"的名字，更别提"中国的巴塞罗那"了。[①]任何一个关心全球动态的人或组织都会明白，要想了解世界仍需努力。

———

① 　试试看。你知道以下哪些城市？哈尔滨、苏州、沈阳、佛山、杭州和东莞都比巴塞罗那大 20%~40%，但绝大多数美国人从没听说过它们。（这就像欧洲人不知道美国的费城、迈阿密或者达拉斯一样。）6 个比伦敦或者巴黎更大的城市是：上海、北京、重庆、天津、广州和深圳。（不认识这些城市就像非美国公民不知道纽约或者洛杉矶一样。）

第十二章

"这与你有关"：让抽象的数字个人化

人类大脑是一个复杂的关联分析网络，我们可以通过许多不同的方式获取信息。如果新事实与大脑中既有关联网络联系得越紧密，我们就越有可能记住它。我们可能会将陌生人的逸事抛于脑后，因为它与我们现有的关联很少，但绝对忘不了与表兄有关的小道消息。

有一个复杂的网络比其他所有网络都更大且更快，那就是自我。终其一生，我们都在为自己着想。（事实上，在上初中时，我们在好几年里都无法思考其他事情。）所以，如果一则新信息与自己有关，我们处理它时也会更容易、更彻底。它比现实中的家还要让你有归属感——我们可以离家度假，但永远都不能离开自我。

最有效的沟通者会设法让抽象的东西个人化。想想法学院为了激励大一新生严肃认真地对待课程发出的警告。"大一的退学率是33%"，这是个抽象的统计数字。"看你左边，看你右边，你们三人中有一人明年秋天就得离开我们了。"这样的话语，唤醒了自我。我们会有所触动。

在任何一年内，你有 20% 的机会患精神疾病，而在一生之中，你有 50% 的机会被诊断出患有精神疾病。	对坐在会议桌旁的一群人来说："今年，每五人中就会有一人被诊断出精神疾病。在一生中的某个时刻，你或者你对面的人，会被诊断出患有精神疾病。"[1]

假设这些数字与我无关。但即使如此，得体的展示也能促使我思考这些数字会怎样影响个人生活。想象另外的自我版本是很有趣的。

在下一个案例中，某人——比如说他是一位发展经济学家——想让我们了解一个肯尼亚家庭岌岌可危的处境。这可能与让受众想象把自己的大部分钱都花在饮食之类的东西上一样简单。

肯尼亚人的平均年收入约为 7 000 美元（美国人则是 68 000 美元）。肯尼亚人将收入的约 50% 花在了购买食物上。	如果你和肯尼亚人一样，把每周的一部分收入花在购买食物上，那么诸如玉米粥和土豆豌豆泥之类的 7 天饮食会花掉你 650 美元。如果食物消耗了你那么多资源，你还能轻而易举地为其他支出埋单吗？[2]

随着家庭越来越富裕，他们在食物和住所等必需品上的支出会相应减少，而在教育和交通等方面的花费则会相应增加。

在大多数情况下，人们都愿意加入你的精神之旅。在接下来叙述的故事中，我想象自己在表演，这一事实增加了戏剧性，也使人们把注意力集中在故事上。

杰夫·贝佐斯的身价为 1 980 亿美元。

假设楼梯上的每级台阶代表银行金库里的 10 万美元。大多数人，包括 1/2 的美国人和全球范围内 89% 的人，甚至都无法踏上第一级台阶，因为他们的财富远远少于这个数字。迈上四级台阶后，只剩下 25% 的美国人。只有不到 1/10 的人能迈上第十级台阶：百万美元。

现在，穿上最舒适的登山鞋。你得爬将近 3 个小时才能够上亿万富翁的净资产。

在连续两个月每天爬 9 个小时的台阶，最终抵达杰夫·贝佐斯的财富时，你将拥有钢铁侠级别的股四头肌。[3]

当你向朋友展示钢铁侠般的股四头肌时，他可能会对杰夫·贝佐斯的财富产生切身的震撼感，否则他永远不知道贝佐斯到底多么有钱。

当人们在精神上编撰故事，通过层层递进的叙述，让故事像电子游戏闯关一样，按级别颁发成就和奖励时，效果更佳。

如果你和典型的美国人一样，每天驾驶一辆典型燃料效率的汽车行驶 40 英里，那么把车换成丰田普锐斯将帮你节省 50% 的汽油。[4]	如果你和典型的美国人一样，每天开着一辆典型燃料效率的汽车行驶 40 英里或更远，那么把车换成丰田普锐斯就意味着一个月后，你省下的钱足够请人出去吃顿大餐。六个月后，你可以去度个周末短假或者给自己买块智能手表。一年后，你攒的钱就足够支付年度健身会员费了。

如果一则信息天然地与受众有联系，那你一定要去强调它。如果与他们无关，很多时候也可以用熟悉的场景说服他们——想象自己身处他人的故事之中。如果人们能想象自己采取行动并从中获益（或者付出代价），那么所有数字都会更有吸引力。

把数字变成动词：在具体的名词上叠加动作

虽然"到月球的距离"或者"3 871 层台阶"似乎挺具体的，但感官和记忆并不能让我们真正感受那到底有多远。它们仍然是抽象的数字。为了保证大额计数是"具体的"，我们需要用已经知晓的行动来表达它。"动词化"是指通过让受众在心理上"看到"运动中的数字，以确保对象和行为是具体的。

第十三章

演示法：让数字深入人心

　　相比从他人那里知晓的信息，亲身经历总是更容易也更深刻地留存于记忆中。并且，它们变成了故事，变成了那些我们能够记住和复述的东西。今天会议上发生了什么？当亲朋好友问你课堂的情况，你会回答"我们拿着铜线来回走了五分钟"，却不会说"我们看了张柱状图"。

激活感官

> 　　当下使用的工业机器人编程操作系统始于 1969 年。你想让人们相信它已经过时得不能再过时了……

> 　　人们走进会议室时，请播放 1969 年的音乐。在讨论环节，你这样说："我们称这些音乐为'古典'摇滚乐。你希望你们正在使用的技术也同样古典吗？"

> 在音乐原声中添加视觉效果：展示 1969 年的汽车广告、时钟式收音机、电脑、拨号盘电话、带旋钮的老式电视机。让他们边看电视边进晚餐，再奉上一份热烤阿拉斯加甜点。提醒大家："你如果错过了一集电视节目，可能就不会再看到它了。"

顺便提一嘴，当我们说"播放 1969 年的音乐"时，它囊括了从好到坏的所有音乐。有些音乐已经被人遗忘了——首屈一指的歌曲是《甜心 甜心》（*Sugar, Sugar*），它来自并不真实存在的阿奇乐队（Archies）。你如果能在早上 8 点及时醒来，就能看到这群卡通人物的节目。但你如果不幸没有看到，那就意味着永远与它擦肩而过——那个年代可没有流媒体、没有 YouTube，甚至也没有数字录像或者录像机。

但其中也不乏经典。甲壳虫乐队的《回归》（*Get Back*）、滚石乐队的《下等酒馆的女人》（*Honky Tonk Women*）、B. J. 托马斯的《迷上一种感觉》（*Hooked on a Feeling*）。你甚至还能听到一首迈克尔·杰克逊的单曲（杰克逊五人组的经典歌曲《你快回来》），但当时他只是家庭乐队的 11 岁主唱，尼尔·阿姆斯特朗是唯一一个让在月球上漫步出名的人。

那的确是一个完全不同的时代，但那时，世界上大多数机器人的确是在同样的软件操控下运行。播放那个年代的音乐会让受众顿生"怀旧"感，它不仅能引发我们对往事的追忆与怀念，也让年轻一族产生"哦，是的。这就是奶奶喜欢的那种音乐"的感觉。但数字则无法引发这样的感受。

如果你的时间更充裕，并且真的想让观点直抵人心，你不妨试试最后边一栏中的全感官演示——将那个年代的外观、声音、感觉甚至连味道全面展示。身处那种沉浸式的场景中，我们很难认为：好吧，那个年代的技术真不错。

让受众体验数据

俗话说，眼见为实，耳听为虚。人们很容易忘记别人告诉自己的东西，却更可能记住亲眼看到的东西。人们做过的事情会以一种更加深刻的方式成为其经历的一部分，在自己的记忆和直觉中根深蒂固。

为了证明浪费一微秒有多么可悲，格蕾丝·霍珀剪下一段电线，向程序员们展示了这个与信号在一微秒内传递距离长度相等的实物。一微秒稍纵即逝，我们甚至根本无法注意它。但984英尺长的铜线逃不过我们的眼睛。尤其在资源十分宝贵的早期计算机时代。这有助于程序员意识到他们无法直接注意的浪费。

霍珀用984英尺长的电线展示数字。但她如果想让这次演示变得更加令人难忘，可以更进一步，让程序员们亲身体验数字。比如说，如果她把程序员两两绑在一起，让他们以"两人三脚"的方式跑完这段距离。即使是最健壮的海军学校学生（霍珀是海军少将兼程序员），以"两人三脚"的方式跑完984英尺时，也会感到很棘手。跑完后，再告诉他们"你们的赛程就是信号在一微秒内传播的距离。一寸光阴一寸金！"就更有说服力了。

或者，如果她教的是一节运动量较小的课程，她可以选两名学生站在教室的两端，然后让第三名学生在两人之间走动，将电线绕在他们身上。这大概需要五分钟——长到足够让人理解要点。

从"一微秒"到走完一段具体的电线的实际长度，每个层次的转换都能使数据更容易被理解且更难被忽略。

下一个例子讲的是分数秒，这是我们可以观察却无法充分体会的时间量。将它们变成体验，对理解大有裨益。

击球手做出挥棒决定就在一念之间，时间约为 1/4 秒（250 毫秒），而挥棒用时更少（150 毫秒）。

在一秒之内尽可能快地拍手。大多数人可以拍 4~5 次手。假设你一秒能拍 4 次。大联盟击球手做挥棒决定只有一次拍手的时间。当你拍第 2 次手时，这一击已然结束。

额外福利：为了帮助大家理解这一速度，我们指定一人为击球手，另一人为投手。给投手一点时间，让他练习每秒拍手 4 次。让击球手站好后，闭上眼睛，假装拿着棒球棒。准备就绪，让投手说："正面投球准备。"稍稍停顿，拍手两次。这一击结束。

（此时，击球手说"这太荒谬了"，然后把想象中的球棒扔到了地上。）[1]

记住，演示最好用在刀刃上，即你希望人们记住会议的主要观点或者顿悟时刻。我有个朋友记得他在少年棒球联盟时曾有过类似经历，当时教练试图让他去面对一个少年老成的投手，此人六年级的投球时速就超过了 70 英里。（大多数六年级学生都掌握了时速50 英里的快球，所以遇到一个时速 70 英里以上的快球手，就像

在没经历过青春期快速生长发育的情况下，跳级进入高中球队。）

这节课的要点是"这就是你必须做出反应加上必须挥棒的速度。你需要在非常短的时间内准备就绪，即便如此，击中球的概率也不大。你如果在第一次拍手时还没准备挥棒，那就算了吧。无论如何，这可能会让你感觉不佳，但那没关系。你没有搞砸，只是受限于物理定律"。

这里有另一个来自体育界的例子，它显示了在一眨眼的工夫奥运会选手间的差距是怎样被拉开的。

在 2016 年里约热内卢奥运会上，尤塞恩·博尔特以 19.78 秒的成绩赢得了 200 米短跑冠军。银牌得主比博尔特晚了 0.24 秒，在接下来的 0.21 秒内，第 3 至 7 名选手紧随其后。最后一名选手用时超过了 20.43 秒。

在一秒之内尽可能快地拍手。大多数人一秒能拍 4 次。用以下方式来看比赛结果：

拍第一次手：博尔特赢了比赛。

拍第二次手：银牌得主过线，铜牌得主和后面四位选手也过了线。

拍第三次手：200 米比赛中世界第八快的选手过线，毫无希望地退出竞争，比赛结束。[2]

下面方框中的转换基于奇普的一位朋友所做的演示，他当时还是一名大二学生。那年，美国国家艺术基金会陷入困境，因为它支持了一位有"反宗教"嫌疑的艺术家。虽然这位朋友是工程专业出身，学的也并非政治科学专业，但他对联邦预算和开支的洞见比绝大多数专业的政治评论员都要深刻。

2016 年，国家艺术基金会获得了 1.48 亿美元的拨款。这占联邦预算总额 3.9 万亿美元的 0.004%。	据说有些公民抱怨纳税金分配不当，因为它被用于资助具有争议性的艺术："年收入 6 万美元的人需缴纳约 6 300 美元的联邦所得税。我现在拿出的 25 美分就是你每年对国家艺术基金会的贡献。因为厌倦了你的碎碎念，我宁愿自掏腰包把这笔钱还你。"[3]

此人拿到 25 美分硬币时，都没意识到自己参与到一次展示中，直到一切已然结束，他才恍然大悟。他们可能发自肺腑地认为国家艺术基金会的预算是个问题，却很难对 25 美分持同样的观点，因为这甚至连给一次小费都不够。下次他们给街头音乐家 1 美元的时候，可能认为就算把国家艺术基金会的预算翻上四倍好像也行。

使它个人化——选择房间里的人

行为科学表明，人们会倾向于关注近在咫尺且具体的东西。如果一项统计数据只适用于某一百分比的人或者部分群体，它就会让人本能地感到不真实，更别提其造成的结果了。但发生在自己身上的事，或者和我们朝夕相处的人，却让人感觉无比真实。这就是为什么法学教授会说"你们中有一个人将无法毕业"这样的话，而不是仅仅引用录取率。你如果想让受众全身心地投入对一个问题的关注中，可以使用替换法和角色扮演来邀请他们入局。

在新泽西州，高中教师尼古拉斯·费罗尼设计了一门课程来帮助男同学们理解国会中性别失衡造成的影响。

美国国会中 73% 的议员是男性，而且他们通过的法案大多会影响女性生活。	你如果有一个大群体，选出一个由三女一男组成的小群体，让他们就影响团体内男性群体的问题进行投票。[4]

仅是简单的转变就可能让男性感到不悦，这将引导他们去了解女性的生存现状和现实。

这里还有一个反向演示，能让我们想象自己在权力的游戏中处于上风。

亚马逊创始人杰夫·贝佐斯的财富在 2020 年增加了 750 亿美元。	想想你要工作多久才能挣到 2.5 万美元？如果有人给你这么多钱，你的生活会发生多大的变化？你能还清债务吗？如果要你捐出 2.5 万美元，你能通过帮助他人支付饮食费、房租或者医药费拯救多少生命？在你阅读这段话的时间（11 秒）内，贝佐斯已经完成了上述事宜。[5]

你需要花费一些时间才能理解上述演示，但当理解后，你就发现它的强大——在你想象拥有这么多能够改变生活的钱时，它们已经实打实地落入了亿万富翁的口袋。你花越多的时间坐着思考这个问题，他赚的钱就越多。

这样的经历一定会让很多人感到愤愤不平，因为这么多钱全部涌向了同一个人。其他人可能会认为，他理应享有自己创造的财富。但不管我们怎么想，它都说明了我们不能用传统的"富人"思维来看待世界首富——他们经手的金钱数量与我们本能习惯的完全不在一个量级上。

展示无法用语言表达的东西

有时，演示能对一组永远无法放入幻灯片的复杂数字进行转换。我们最喜欢的一个故事来自乔恩·斯特格纳，他发现了一个巧妙的方法，可以展示出公司的采购系统导致了大量产品的超额采购。

"一个效率低下的采购系统让我们浪费了数百万，甚至数千万美元。这有一份贴了9项标签的表格，里面总结了我的所有发现。"	"来看看我们公司目前正在采购的424种不同手套。这只是我们购买的一小类产品……"[6]

首先，他让一名暑期实习生在公司采购的众多物品中挑选一件简单的商品：手套。工人们在装配线上的具体操作中使用这些手套，这可以保护他们免受锋利和高温物体的伤害。公司从不同的工厂那里购买了 424 种类型各异的手套。不同供应商提供的相似手套的价格往往相差很大。把所有数据点都装入一个电子表格文档中可是件苦差事。要想把它们放进一份文档或者演讲稿中更是不可能。

但斯特格纳发现了一种非常简单的方法，它既能表达复杂的数据，也能展现简单的信息。他让实习生找出每一只手套，给它们贴上价格标签，然后把手套一股脑儿地倒在会议桌上，一个接一个地邀请领导们来参观"手套圣地"。任何人只要瞥一眼或者仔细检查一下就会发现，手套采购系统急需改进。你很容易看到一双价值 3.22 美元的黑色手套旁放着一双外观雷同、标价却高达 10.55 美元的手套。因为"手套圣地"对实物进行了线下的具体展示，问题是不可否认的。

任何亲眼看到"手套圣地"的人，都会立刻提出一个问题，而这也正是斯特格纳想让他们提出疑问的地方："如果我们在手套上浪费了这么多钱，还在其他哪些地方也浪费了钱？"

演示最终在公司内部——上至高管办公室，下至工厂车间——掀起了一场"竞标运动"。很快，所有决策者都明白公司需要彻底改革采购流程。这一切"得来全不费工夫"，斯特格纳无须竭尽全力说服任何人。你没法与"手套圣地"论短长。

这就是演示的真正意义所在。"干巴巴"的统计数据并不能帮助人们从不同角度看问题（"你的意思是我们真的买了这么多种手套？！"），也不能引起人们对问题的关注（"好吧，我们还在哪些地方浪费了钱？"）。

通过让人们亲眼"看到"、亲手"摸到"那些具体的证据，来演示数字，大家可以从内心深处理解它们——984 英尺有多长？时速 75 英里的快速球究竟有多么可怕？ 424 种手套有多么多余？ 1969 年有多么久远（向那些对 1969 年情有独钟的人道歉）。如果我们想让数字打动他人，不妨把它们带进房间，让双方来一次近距离的亲密接触。

第十四章

拒绝麻木：将数字转化成与时俱进的过程

从 1999 年到 2001 年，硅谷的风险投资家们共筹集到 2 040 亿美元，这是他们以往投资金额的 4 倍多。等到 2012 年，他们能达到行业 18% 的年平均回报率水平，将投资转化为 1.3 万亿美元吗？这可是个天文数字，但考虑到风投催生出像英特尔、苹果、思科和网景公司这样的行业巨头，结果究竟如何尚无法断言。

之后，一位《财富》杂志撰稿人写下了如下过程：

> 考虑到金钱追逐交易的资金数额，风险投资有可能保持历史回报率吗？至 2012 年，2 040 亿美元的投资最终需得到 1.3 万亿美元的回报。

> "不妨这样考虑，易贝是互联网热潮中为数不多的成功案例之一。鼎盛时期，易贝的市值高达 160 亿美元，其风险投资公司标杆资本（Benchmark Capital）的投资收益超过了 40 亿美元。那么，在 10 年内，要让风险投资者获得 18% 的回报率，需要有多少家易贝上市呢？答案是：325 家以上。从现在起到 2012 年，大约每 10 天就得有一家易贝上市。"[1]

对该版本进行一下更新，即连续 8 年，每月需有 3 家脸书公司上市。这两个版本的要点是什么？它不可能发生。该转换将答案扩展至公众可以识别的领域，每一个都深入人心。

随着数字的增加，每次增加都会削弱人们的敬畏感，这就是所谓的心理麻木。心理学家保罗·斯洛维奇研究了我们对悲剧受害者的同情心[2]是怎样随着数字增加而减少的，部分原因在于我们无法像给一件事赋予意义那样，也对大量的数字感同身受。赚到人生中的第一笔 100 万美元是一次胜利，但赚到 600 万美元就没那么激动人心了。你甚至可能忽略自己赚到的第 5 700 万美元。要想传达大额数字，同时又能让人对它的规模心生敬畏，不妨考虑将它转换成一个与时俱进的过程。让每个 100 万美元都像第一桶金那样非同凡响。

重新审视枪支问题：展示与时俱进的过程

美国有 4 亿多支枪。该数量足以让每个男人、女人和孩子都有一支枪，然后还剩余 7 000 万支枪。	美国有 4 亿多支枪。该数量足以让每个男人、女人和孩子都有一支枪，剩下的足够让美国未来 20 年内出生的每个婴儿都有一支枪。[3]

我们已经转换了数据的第一部分，即给每个男人、女人和孩子都配一把枪——这些枪加在一起共有 3.3 亿支。但把它转化为

动态的过程有助于清楚地说明剩余 7 000 万支枪的实际规模。

将数字表示成由共同行动累积出的结果

我们熟悉自己的日常事务、习惯和行为过程，在想象那些没有亲身经历过的事情时，这便成了一个最佳的想象基础。

这是一个古老的伎俩：人类学家在研究不同文化表达距离所使用的词汇时发现，它们中有许多都涉及了日常行为过程。例如，生活在印度洋一连串岛屿上的尼科巴人，就有过"喝青椰子时走过的距离"[4]这类用法。另一种文化（东南亚的克伦邦）则用嚼槟榔所需的时间来衡量距离。在北欧文化中，斯堪的纳维亚半岛北端的拉普兰萨米人拥有一套非常优雅的度量标准：旅行几日被描述为"人类日"，但如果距离变大，则使用更大的单位称之为"驯鹿日"（驯鹿一天能走到的距离），或者"狼日"（最大级别的单位）。但人们最熟悉的度量标准，也是英语中必不可少的一个词，被他们用来衡量一日内的部分行程：依据的是购买咖啡的停靠站的数量。

基于日常行为过程的旅行估算很奏效，因为人人都可以想象该过程，无须计算和转换就能获得距离感。

在复杂的现代社会中，我们仍然可以"故技重施"：将数字表达为简单行为的过程，唤起人们对陈规旧律的肌肉记忆。

| 查尔斯·菲什曼说："一瓶依云的价格比你用水龙头灌满的一瓶水要贵 3 970 倍。" | "旧金山的市政用水取自优胜美地国家公园。环保署不要求旧金山过滤它真是太好了。如果你花 1.35 美元买下一瓶依云矿泉水并且喝掉它，在 10 年 5 个月零 21 天的时间内，你每天都能用它再装满一瓶旧金山市的自来水。"[5] |

这种简单的转换将一个因为太大而难以用过程来描述的乘数，变得让人印象深刻。

| 六西格玛是百万分之 3.4 的瑕疵。 | 要想成为一名符合六西格玛标准的面包师，不妨想象你每天晚上都烘烤 24 块巧克力曲奇饼。坚持做 37 年，直到你发现只有一块饼干被烤焦、没熟，或者没被放上足够数量的巧克力颗粒。[6] |

我们可能对成百上千万的物体没什么直观感受，但是烘焙转换法让外行也能明白六西格玛到底有多精确。这可以轻易地被调整成不同的过程和乘数，来满足不同受众的口味。对美国职业棒球大联盟的投手来说，这相当于在接下来的 98 年中没有一个球落于好球区外（并且不放弃任何一支安打[7]……一季中超一流水平发挥且零失误的比赛超过 20 场）。

将过程按步骤分组，感受数字的分量

想象把 100 颗苹果装进一个大桶里。单看每一个都让你感觉没什么分量——1/3 磅，比你在健身房能找到的最小的东西还要轻。但你最后拎起桶时，会感觉它还挺重的。

然后，继续将额外的桶放到木制托盘上。到了某一时刻，你就再也举不动它了。现在这成了机器的工作。400 磅和 4 000 磅可能没有太多区别，反正你都举不动。

对于想让用户感知的数据，我们需要将之保持在一个桶的范围内——既让他们感到重量，但不至于重得难以置信。

在美国，每 30 分钟就发生一起谋杀案。	每天都有 50 人被谋杀。[8]

每 30 秒，社交媒体上就有人会发布一次令人感到悲伤的统计数据，开头这样写道："每隔 30 秒，此类坏事层出不穷。"这并非坏的本能，不妨试试我们在第三章中强调的数字"1"的威力。但一次抽象的死亡没什么太大的分量，尤其是当你使用了一种屡见不鲜的形式，它只会带给人们老套和厌烦的感觉。

在一天结束时评估谋杀率，会让它再次引起我们的注意。每天 50 人的数字触目惊心，因为足够大，我们不会错过它，但也没大到需要用计算器计算的地步。

显示累计量和单个实例不可兼得。为纪念新冠肺炎死亡人数达到 10 万人的日子,《纽约时报》制作了一个特别感人的版本。他们用整个头版展示出一份庞大的、包含了 1 000 名新冠肺炎死者的名单,覆盖了 6 个 20 英寸的竖栏,以通版的方式占据了整个版面。每个人的名字后面还附有简短的关于他们生平的细节,如以下摘录所示:

在美国,每分钟就有 1 人死于新冠肺炎。

·罗伯特·加尔夫,享年 77 岁,犹他州人。曾任犹他州众议院议长、汽车业高管、慈善家

·菲利普·托马斯,享年 48 岁,芝加哥人。他与沃尔玛的同事们亲如一家

·艾伦·梅里尔,享年 69 岁,纽约市人。《我爱摇滚乐》(I Love Rock 'n' Roll)词曲作者

·彼得·萨卡斯,享年 67 岁,伊利诺伊州诺斯布鲁克人。经营着一家动物医院

·约瑟夫·亚吉,享年 65 岁,印第安纳州人。许多人的导师和朋友

·玛丽·罗曼,享年 84 岁,康涅狄格州诺沃克人。铅球冠军,在当地政坛颇具声望

·洛雷娜·博尔哈斯,享年 59 岁,纽约市人。变性移民活动家

·詹姆斯·T.古德里奇,享年 73 岁,纽约市人。为连体婴儿做分离手术的外科医生

·贾尼丝·普雷舍尔,享年 60 岁,新泽西州蒂内克人。食物银行创始人

·让-克洛德·昂里翁,享年 72 岁,佛罗里达州亚特兰蒂斯人。他的爱骑是一辆哈雷摩托车。

与其让读者想象随着时间的流逝，每分钟都有抽象的受害者生命在逝去，报纸通过援引一些具体、感人的内容来吸引读者。这种做法像一束清辉照亮了每个个体，让他们变得真实、独特，他们亲密得如同在夜晚的酒吧里与你我举杯共饮的友人——然后我们才怅然若失地发现他们已然离世了。

为了获得全面的感受，你需要看看印刷好的整个版面：在我们逐行浏览有关个体信息的同时，映入眼帘的是一幅巨大的页面，上面布满了密密麻麻的姓名和故事。它一直延伸至我们目之所及之处——并且正如《纽约时报》指出的那样：为了列出 10 万人中的 1 000 个名字，还需再占用两个类似通版的篇幅。

特写中的个体有了分量。聚沙成塔不过如此。不是所有问题都和新冠疫情一样严重。《纽约时报》并非"无中生有"变戏法般地造出了重量，而是找到了一种传递它的方法，让每个读者都能获得切身感受。当我们手握斤两十足的"沉甸甸"的数据时，应通过合理的分配，使它们能够充分发挥应有的作用。

第十五章

安可法：让数字更具杀伤力

你去过真正激动人心的摇滚音乐会吗？乐队安排了一份超级棒的曲目单，可谓是面面俱到、集乐队之大成——既有足够多的经典老歌也有最新的热门单曲，主打歌和附加曲目相得益彰，前所未有的满足感让观众大呼"物超所值"。

但接下来，还有安可①。有时是翻唱，有时是经典，但都能让观众起立合唱。掌声与喝彩引爆全场，他们不仅心满意足，还收获了意料之外的惊喜。之后，便欣喜若狂地回了家。

当我们想让受众对某个数字印象深刻时，我们不妨"依样画葫芦"。也许情感上并非总能让人狂喜，模式也不那么有趣，但同样的方法仍然奏效。如果一股脑儿地接收消息，我们的大脑很快就会对大额的数量感到麻木。但我们可以通过"有所保留"的

———
① 演出结束后，观众一般会一起喊"Encore,Encore"，就是返场再唱的意思。——编者注

方式给人留下深刻印象，然后再以安可的方式把余下部分和盘托出，这样就拥有了两次"击中人心"的机会。

如果世界上每个人吃的肉都和美国人一样多，那么饲养牲畜所需的土地面积将是地球可居住土地的138%。	如果世界上每个人吃的肉都和美国人一样多，那么地球上所有的可居住土地都必须得用于饲养牲畜——此外，我们还需要更多土地，其面积约等于非洲和澳大利亚的面积之和。[1]

一次性处理138%这个数据，的确"超载了"。但如果想象一下，地球上所有的可居住土地都被我们用来饲养牲畜——每块田地、每片森林，或者每个社区都变成了养牛场——凭直觉就知道这是不可持续的。当我们了解到即使如此，仍缺少一块非洲加澳大利亚那么大的土地时，这一点就更加深入人心了。

我们最好学会炒扁豆。

"安可"一法也能完美地帮助我们理解大额数字，那种我们本能地搞不清楚的"天文数字"。当我们因机会渺茫而算不清楚到底有多渺茫的时候，就会搬出"像中了彩票一样"的陈词滥调。这里有一个可以助你重新审视事物的方法：

中强力球彩票的概率: 1/292 201 338	假设,我们来猜测某个人头脑里想的究竟是哪一天——范围是从公元元年1月1日到2667年9月18日间的任意一天。如果能猜到,你就中奖了。 当你与支票只有一步之遥时,他们又告诉你根据细则规定,你还得跨越另一个小障碍。墙上有300个一模一样的信封。你如果无法选出装有支票的那一个,就只好空手而归。[2]

我们也可以给第一个任务增加难度,但上述让你挑选一天的场景已经够难的了。然而,当你克服了看似不可逾越的困难,却发现自己仍然毫无胜算时,的确会让人特别泄气。

如果将"安可"与其他方法相结合,会取得极佳的效果,不妨把它和演示法、聚焦于"1"的方法叠加使用。如果数字已经让人感到具体、震惊,再使用"安可"法会更具"杀伤力"。

与任何其他方法一样,"安可"也可以用于有趣或者严肃的统计数字。这里有一些我们喜闻乐见的东西。

青蛙跳跃的距离是身长的好几倍。	如果能像青蛙一样跳跃,你就能完成三分线起跳扣篮!……事实上,是从对手方的三分线上起跳扣篮。[3]

NBA 史上没有任何一个球员能在三分线上扣篮。乔丹、勒

布朗，甚至连神犬巴迪都不行。就算让他们从距离更近一些的罚球线扣篮，成功率也很低。

所以，青蛙的弹跳力空前绝后。当我们发现它从篮球场另一端的三分线上起跳后成功扣篮，这样的场景远远超出了镜头的取景框时，不禁心生敬意、起立鼓掌。

第十六章

打破思维定式，创造惊奇感

当生活不似预期，我们会经受地球上最神奇、最引人注目的待遇：吃惊。提供惊人数字能发挥同样作用。但正如我们看到的那样，多元背景的受众持有不同的期望。要想像空手道大师那样干净利落地打破规则，前提是你得把规则建立好。

我们将这种技巧称为"打破思维定式"——你必须首先让他人在脑海中形成想法，然后才能打破期望，使他们大吃一惊。反派要是没有赢下几场硬仗的实力，我们就不可能看到英雄大战恶魔。要不是看到头两只小猪的房子被风一吹就倒，第三只小猪的砖房也无法让人印象如此深刻。

在科技领域，史蒂夫·乔布斯是擅用这些技术的高手。在推出苹果笔记本电脑 MacBook Air 时，他起初对竞争对手索尼 TZ 系列的竞品非常宽容。"它们很薄，是款不错的笔记本电脑。"他说。

他告诉与会者，苹果公司已经研究过市面上所有最薄的电脑。

然后他用表格展示研究发现。这些薄款笔记本电脑很轻，大约只有 3 磅重，但它们的屏幕和键盘都很小，处理器也很慢，这些都是苹果希望 Air 能够解决的痛点。

然后他亮出了图表。图形是 TZ 的侧视图。该款产品最厚的部分被标注为 1.2 英寸，机身前部逐渐削减至 0.8 英寸。

当在受众脑海中明确了现有竞品"薄"的概念之后，他再用 MacBook Air 的外形尺寸图来打破模式。"这就是 MacBook Air。"他说。如下图所示。

在 MacBook Air 轻巧外形的衬托下，TZ 系列显得相当笨重。

人群中爆发出一阵惊呼和掌声。乔布斯不紧不慢地念出 Air 的尺寸："从背部最厚处的 0.76 英寸到前部最薄处前所未有的 0.16 英寸……"

然后他就开始"抖包袱"了："我想向你们指出的是，MacBook Air 最厚的地方比 TZ 最薄的部分还要薄。"[1]

请注意前一章节中对"安可"技巧的巧妙应用。（如你所知，乔布斯是个完美主义者，为了削减 0.04 英寸的厚度，苹果让 3 名机械工程师和 2 名设计师殚精竭虑，这样乔布斯才能抖出"我们最厚的地方比它们最薄的部分还要薄"这样的包袱。）

这次演示中极具感染力的关键一击之所以成为可能，是因为首先建立起了竞争关系。一旦我们知道要与行业高精尖的顶流产品进行比较，就能真正理解 MacBook Air 打破纪录的本质。如果不是"先立再破"，就没人会关注到 0.80 和 0.76 英寸间的区别。

"TZ 的尺寸范围在 1.2 英寸到 0.8 英寸之间，我们的平均值比这些数字还要薄半英寸。"	"MacBook Air 最厚的部分比 TZ 最薄的部分还要薄。"

这门技术的高超之处在于，它不仅适用于具有一定知识储备的专业人士，也适合新手。乔布斯的展示面向的对象里，既有可以领悟创新之美的电脑专家，也有对相关情况一无所知的普罗大众。

你如果对科技行业的总体状况有所了解，就会知道对竞品进行全面调研的价值所在，哪怕你获得的不是最新信息。它不仅设定好了场景，也回答了你可能已经知道的问题："等等，索尼产品究竟有多大？联想呢？戴尔呢？"你如果并不知情，需要的时候也就知道了。缔造一个伟大具体的模式，有助于巩固受众的认知——熟悉情况的人想更精确，其他人则欣赏它提供的洞见。

下面的新闻报道讲述了一位叫罗密欧·桑托斯的艺术家，他不为大多数美国读者所知，却广受西班牙语观众的欢迎。他在洋基体育场连续两场的演出门票都售罄，每晚卖出 5 万张票。不管你对音乐的了解程度如何，《纽约时报》记者拉里·罗特撰写的导语将有助于你理解 2×5 万究竟意味着什么：

> 平克·弗洛伊德的"迷墙演唱会"做不到这一点，就算杰斯（Jay Z）得到了贾斯汀·汀布莱克和艾米纳姆的鼎力相助也不行，金属乐队根本做不到。任何流行音乐艺术家在能够容纳约 5 万人的洋基体育场连续举办演出，门票都几乎不可能售罄，除非你是保罗·麦卡特尼。但是，周五、周六两晚在洋基体育场进行表演的罗密欧·桑托斯，即将实现这一壮举。[2]

就算是最普通的音乐听众也能对其中的部分信息有所感知，毕竟这几位的名头可都是响当当的。对音乐有深刻造诣的人可以更了解在洋基体育场连续举办演唱会时门票售罄的门槛有多高。尽管大多数《纽约时报》的读者对这位艺术家鲜有耳闻，却都能对他当下所做之事大吃一惊。他们会调整自己对西班牙语音乐明星的期望，更多去关注此人的动态。

罗特的导语之所以强有力，是因为他知道粉丝们有多少期待，通过向受众展示设定好的模型，也可以对婴儿潮世代、X 世代和千禧世代的读者产生影响。

很多事物都自带内置的文化期望。说起"野餐",我们可能会想到红白相间的格子地毯、柳条篮、三明治和西瓜。而一提到"冲浪者",受众很可能会联想到一个留着金色长发、嘴里喊着"老兄"的白人小伙子,并且这个人不太可能是学历史的。给受众一个机会,具体化且充分激活其文化期望中的心理形象,然后当你展示出截然不同的突破时,他们的惊讶会倍增——例如,来自马里的 83 岁祖母正站在冲浪板上乘风破浪。

但是熟练的模式制造者可以在人们完全没有任何事先预期的情况下,创造案例。正如法里德·扎卡利亚如下所做的那样。

世人对自由贸易持何种看法?[3] 典型美国人的看法又有何不同?阅读以下内容时,留心看看你的期望是如何具体化的,然后又是怎样改变的。

| 59% 的美国人对不同国家之间不断增长的贸易关系持"非常好"或者"比较好"的观点。 | 扎卡利亚引用了皮尤研究中心的一项调查结果:"世界各地的绝大多数人认为,国家之间不断增长的贸易关系是'非常好'或者'比较好'的。持此观点的人数比例在中国是 91%,德国是 85%,保加利亚是 88%,南非是 87%,肯尼亚是 93%。接受调查的 47 个国家中,垫底的是……美国,其比例为 59%。唯一和我们差距在 10% 以内的是埃及。" |

在人们的传统观念中，美国是一个支持贸易的大国，所以当看到民众支持率在 85% 以上至 90% 出头之间时，我们可能会假设美国也在此范围内，或者比这个比例更高。即使我们预料到会有例外，并且认为作者会揭示"美国的民众支持率更低"，我们还是觉得比例可能在 75% 上下。然后作者揭晓谜底："垫底"、"59%"和"唯一一个差距在 10% 以内的国家"。这些让人大跌眼镜的数字绝对在我们的意料之外。

但是如果他一开始就抛出 59% 这个数字呢？可能就不会让我们那么震惊了。如果不进行比较，似乎看起来支持贸易的在美国属于多数派。可通过该种方式，我们不仅揭示出意想不到的东西，而且使一个值得探索且令人惊讶的问题浮出水面。

其他潜在影响我们预期的问题也能被重组，进而创造出更多惊奇的效果。世界 500 强公司 CEO 最常见的名字是什么？约翰、詹姆斯，以及所有女性的名字合集？

如果我们还没开始讨论性别不平等，这可能会以一种意想不到的方式引发相关讨论。我们考虑的是任意的事实，甚至可能会去浏览一些 CEO 的名单。会是比尔、戴夫、迈克或是史蒂夫？关键点被揭晓的那一刻，我们发现了对话中的漏洞，以及一些"极度不合理"的地方。

这里还有另一个我们喜欢的例子——它论证了我们对自己的身体知之甚少的事实。

神经冲动以 270 英里 / 小时的速度通过身体传到大脑。通常我们会为神经系统的速度感到自豪。	"如果一个头顶巴尔的摩、脚蹬南非海岸的全球巨人于周一被鲨鱼咬了脚，他要到周三才会感到疼痛，然后直到周五才会做出反应。"（约翰斯·霍普金斯大学教授戴维·林登）[4]

我们往往认为神经反应是刹那间发生的，但实际上，它们可比飞机慢得多。如果看到鲨鱼在开普敦海岸咬了巨人，那意味着我们还有大把时间换身泳装、打辆出租车，直飞至巴尔的摩国际机场，在巴尔的摩市中心享用蟹肉饼和啤酒，然后在巨人感受到被咬的疼痛前，轻声在他耳边说出这一坏消息。

如果你按照我们的设想来，这个打破假设的演示会让你更了解自己的身体，它也能改变我们对电影中怪物的看法。在以前的电影里，那些缓慢、笨拙的哥斯拉和金刚其实要比现代电脑合成动画（CGI）中灵活无比的版本更加真实。

无论你想要强调的数量有多少——从笔记本电脑的尺寸大小到神经反应的速度——它越是与受众未说出口的假设相去甚远，就显得越突出。只要有可能，就在揭露真相前使这些假设变得具体形象。受众认为自己知道什么？他们认为自己给国家艺术基金会投了多少钱？他们心目中最大的娱乐产业是什么？一旦他们进入舒适区，你就有机会打破期望、创造惊奇。

其实惊奇的力量非常强大。如果你曾经对"引人注意"感到头痛，无论这些人是教室里的小孩、大选之年的选民，还是工厂里的一线工人，你需要的正是惊奇。这种情绪会让你瞬间得到海量关注。我们的眼睛睁得大大的。我们的身体僵住不动了。你看到人们张大嘴巴，瞠目结舌，几乎要昏过去。惊奇强大有力。如果这是一种酷刑，《日内瓦公约》一定会将它定为非法。事实上，它是一个强大的工具，引导人们快去关注正确的事情。

第四部分

创建比例模型，理解宏大数字

第十七章

寻找地标，绘制景观图

当你去陌生城市，如伦敦、里斯本、华盛顿特区游览时，你通常会看到某种形式的地铁地图。这些地图简单易懂，色彩鲜艳，地理位置却不太准确。你可能学会了怎样坐地铁，却仍然不识城市的"庐山真面目"。但这是一个很好的指示，地图只会告诉你需要知道的东西，你无须事先了解全部地形，就能知道怎样从 A 到 B。随着时间的推移，你会成为真正的当地人，为一头雾水的游客"指点迷津"，并且不会在回酒店的路上迷路。

当我们试图让人们适应不熟悉的统计数据时，我们也想"故技重施"——在不要求他们成为专家的情况下，通过一些重要的"地标"来理解上下文。

你对体温了解多少？安娜·博根霍尔姆在滑雪时不幸坠入溪流冰层，然后被困在冰冷刺骨的浮冰下 40 分钟。当救援人员努力接近她时，她因为找到了一处能够呼吸空气的气窝而一息尚存。之后就失去了意识，呼吸和血液循环都停止了。在被从浮冰下救出之前，她又在水下待了 40 分钟。

> "人的正常体温是 37 摄氏度。人体当核心温度低于 35
> 摄氏度时，会出现体温过低。安娜到达医院时，体温只有
> 13.7 摄氏度。从来没有人能在这样低温的情况下幸存。"[1]

几个简单"地标"就能让我们充分了解到这个非凡的救援和生存故事的精髓所在。我们知道正常的和危险的体温是多少，也知道该情况远远地超出了现实。即使对摄氏温标不熟悉的美国读者也能跟上故事的情节发展，相较于告知安娜抵达医院时体温只有 56.6 华氏度，他们其实可以从这样的叙述中获知更多相关信息。（安娜幸存了下来，并在挽救她生命的那家医院里做了几年放射科医生。她还在继续滑雪。）

这里还有另一个关于运用比例尺的案例，它既能告诉你应该知道的一切，同时展示出普通水平和善于沟通的医生分别是如何进行表达的。

"正常的血小板计数为 150 000~450 000/μL。最近血检显示你的血小板数是 40 000。这太低了。"	血小板计数评分系统以千为单位，正常分值范围在 150 到 450 之间。数值为 50 时，我们不会让你出门旅行。[2] 数值为 10 时，你有自发性出血的危险。现在，你是 40。

右边的案例有两大优点。首先，比例尺的运用简单，且数值缩小后易于理解。作为患者，我们无须知道每微升（μL）血液中究竟有多少血小板。我们需要知道的是自己的计数与身体健康之间的关系。

其次，两种论述方向上都有意义十足的"地标"。我们不仅知道自己"低于正常水平"，还了解到因为数值太低而无法出门旅行。此外，知道它有可能进一步下降，然后再导致更大的风险。所有这些都让我们意识到情况的严重性，但及时干预会起作用。然而第一个案例，无法让我们弄清楚这一点。

尽可能使用现有的景观图

前两个场景非常简单，只需几个数字就可以帮助我们摸清方向。受众可以记住一些相关的数字，却无法记住整个景观图。

但假如我们试着去理解一些更为宏大的东西，比如，地球上的人类生命是怎样融入宇宙历史的呢？

事实证明我们已经拥有一种规划时间的方法——我们如果把自然界的历史置于这一尺度上，就可以理解很多深刻的东西。

现代人类最早出现在 20 万年前，是宇宙中的新晋成员。宇宙大爆炸大约发生在 138 亿年前。

假设宇宙历史被压缩成一天的 24 个小时。大爆炸恰好发生在午夜。在很长一段时间内，什么都没有发生。12 个小时过去了，16 个小时也过去了。约下午 4 点 10 分，开辟鸿蒙。太阳在一团尘埃中苏醒，它的周围开始形成行星。5 分钟后，地球出现并开始冷却。下午 5 点 30 分，单细胞生命出现在地球上。直到晚上 11 点 09 分脊椎动物才出现。恐龙和第一批哺乳动物于晚上 11 点 37 分左右出现。霸王龙于 11 点 52 分出现，这一天还剩 8 分钟，但 1 分钟后因为有颗小行星撞击地球，霸王龙从此销声匿迹。

人类的全部历史甚至都没能占据最后一秒。[3]

在足够小的范围内，人类就能展现出善于理解时间的本能。[①]无论我们在地质年代的尺度上设置多少强有力的地标，它永远不像我们每天都经历的小时、分钟和秒那样直观易懂。

这张图谱不仅让我们了解到人类的生命有多么短暂和珍贵，也囊括了关于客观存在的各种历史事实，促进了我们对恐龙、生物、行星和太阳系的了解。

我们可以根据自身兴趣点增加新的事实。月亮是什么时候形成的？它大约在地球出现 9 分钟后诞生，即下午 4 点 24 分。马蹄蟹于何时出现？晚上 11 点 24 分，远早于霸王龙。阿巴拉契亚山脉的历史有多久？50 分钟，甚至比马蹄蟹还要悠久。喜马拉雅山脉才出现 5 分钟，这是它们更加高耸绵延的原因。一旦我们有了景观——或者在此案例中，有了时间轴——就能让所有数字对号入座了。

---

① 一天到一年的时间段通常在合理的范围之内——我们反复地体验这些时间度量，对它们的运行了如指掌。在这里，我们选择以 1 天为例。另一方面，卡尔·萨根提出了著名的宇宙历法，他将宇宙历史浓缩至 1 年。

第十八章

建立比例模型，理解复杂的动态

火车模型，玩偶之家，乐高积木。所有这些东西都站在了巨大和令人生畏的对立面。列车时刻表、家务劳动、甘特图琐碎繁杂。但当所有东西都以小尺寸的形式摆放在地板上，父母踩到它们后，发出搞笑 / 愤怒的声音时，我们乐在其中。

但它们不只有趣，好的比例模型还具有深刻的启发性。飞机设计是如此复杂，以至于不能仅从物理角度出发来预测其功能。设计师需要把按比例缩小后的飞机模型放在风洞里检测，以观察机翼形状、位置和机身间微妙的互动。

本章将研究如何创建足够复杂的模型，让人们在产生新见解的同时，做出复杂的权衡。

这里有一个适用于处理争议政策问题的互动模型，运用了我们在前一章里讨论过的技术——使用现有的时间地图（上一章用了一天中的 24 小时，之后的案例则用了日历年）来理解更加宏大的东西。案例假定了一个典型的工作周，每周 5 天，共计工作 40 个小时。

> 2018 年，美国政府在食品和营养援助上花费了 680 亿美元，在高等教育上花费了 1 490 亿美元。联邦政府在食品券和高等教育上花费不菲。

想象你提前缴纳了年度税收，而不是在一年的时间里不间断地掏出一小部分钱给政府。当你从 1 月 1 日开始工作时，所挣的每一分钱都将用于纳税，缴税完毕后，你才可以保留全部的收入。

你在 1 月前两周挣的钱都将用于支付社会保障金。还得再花两周才能还清医疗保险和医疗补助。从 2 月 1 日起，你要花 5 天时间偿还国债利息。大约花一周半为国防系统打工。基本上你知晓的与政府有关的一切人员的工资都用 2 月剩下的这一周半的收入来支付：肉类检验员、飞行控制人员、美国疾病控制与预防中心的生物学家、联邦法官、联邦调查局特工、外交官。一年中，奉献给美国补充营养援助计划 6 个小时，给国家公园 12 分钟，然后给美国国家航空航天局约 2 个小时。[1]

通过日历这一尺度度量政府预算，我们不仅可以对照这些目标进行评价，还能对它们产生切身的感受。我们尽管天生就对 1 170 亿美元或者 1.2 万亿美元的预算没有什么反应，却知道工作 8 小时而非工作两周意味着什么。

这也使它变得个人化。1 490 亿美元的教育预算听起来可能很高，但我们如果愿意每年花几个小时的时间在辅导上，也可能愿意花几天收入去雇用专业人士教育美国同胞。我们如果愿意在施食处待上几个小时，也许会愿意花一天时间来帮助更广泛的群体填饱肚子——特别是当我们得知大部分钱都会用来养活孩子的时候。大多数美国人喜欢社会保障制度，但一看到要为此付出整整两周的工作时间，我们可能就想问该怎样削减它。

你可能已经在想象该模型会引发的其他争论了——这完全取决于你的知识储备和意识形态。你甚至也许对主动进攻持乐观态度，或者对捍卫职位感到担忧。这是件好事。这意味着你正以一种具体的方式来处理这些规模庞大、看似无法解决的问题，并且投入了情感。

你如果非常有创造力，那你甚至都可以考虑改造模型本身。如果你找到了其他收入来源呢？如果你为不同的玩家建立不同的模型呢？毕竟，不是每个人都属于同一个纳税等级，并且有些人不靠工作赚钱。

这是特性，而非缺陷。在游戏设计中，它被称为"灵活性"和"可扩展性"。为了让你能对一些关键动态进行探索，你的基础模型，即第一场景需要被简化——在这种情况下，得去权衡预算的优先级。为了解决问题，你需要进行多次尝试。一旦你掌握了规律，就可以用各种各样的变量来探索其他因素。

屡获殊荣的棋盘游戏《卡坦岛》就拥有这一特性。原版游戏要求玩家获得发展村庄并将其变成城市的各种资源，但对经验丰富的玩家来说，还能再加上一些增添游戏丰富性的拓展包。一个是海上航行和贸易，另一个则是抵抗蛮族以保卫贸易航线。如果你的第一个比例模型足够站得住脚，它就会成为一件取之不尽、用之不竭的礼物。

说到这里，灵活的类比也能为你的微观世界游戏增添另一重维度。

在第一种场景下，我们做了一个相当直接的小型化处理。

　　但你会怎样对以下企业生产率的研究进行转换呢？

　　该案例取自史蒂芬·科维撰写的《高效能人士的第八个习惯》：当人们调研某机构中的员工时，"只有 37% 的人表示自己对其组织的使命愿景及原因有明确的认知……只有 1/5 的人对团队和组织的目标充满热情。只有 1/5 的员工表示自己能在任务与团队和组织的目标间看到一条清晰的准线……只有 15% 的人认为所在机构能够充分助力他们实现关键目标……只有 20% 的人完全信任他们效力的机构"。

　　这很难，对不对？我们不知道这些机构究竟是做什么的，事实上，很多不同的东西可能很难同时被微缩。但通过使用巧妙的类比，史蒂芬·科维建立起一个行之有效的模型。

"当人们调研某机构中的员工时，只有 37% 的人表示自己对其组织的使命愿景及原因有明确的认知……只有 1/5 的人对团队和组织的目标充满热情。只有 1/5 的员工表示自己能在任务与团队和组织的目标间看到一条清晰的准线……只有 15% 的人认为所在机构能够充分助力他们实现关键目标……只有 20% 的人完全信任他们效力的机构。"	"想象，假如你在训练一支 11 名球员的足球队，只有 4 名球员知道自己的目标是什么。只有 2 名球员关心什么是他们的目标。只有 2 名球员知道自己的位置及其与球队整体的关系。只有 2 名球员真正信任教练和球队老板。只有 2 名球员认为他们在自己的位置上得到了足够的支持。你的大多数球员都漫无目的地在球场上踢球。"[2]

办公室与踢足球风马牛不相及。但所有结果都适用于我们能在足球队中轻易观察到的团队动态。当你想象这支功能失调的球队时，就算你不是铁杆球迷或者球队支持者，你也会有感觉和反应。人们朝着错误的方向奔跑，乱糟糟地踢球，对教练视而不见，想要踢好自己的位置却缺乏足够的训练和支持——真是混乱与尴尬齐飞。不难预期，该组织的运作能力也会有类似损耗。足球的类比让它"瞬间现形"，而功能紊乱的职场导致的问题更加棘手隐蔽。

我们还能对其他哪些系统进行微型建模？不妨把机票价格缩小至 10 美元，看看有多少钱进了员工（飞行员、空乘人员、机械师、行政管理人员、每个帮助飞机运营的人）的口袋，多少钱花在燃料上，多少钱用于购买和保养飞机，以及到底在烦人的广告上花了多少钱？就是那种总会标榜完美身材之人"度假圣地"的广告。如果我们遥想远古，可能会在模型中加入狩猎-采集的元素，或者，既然说到了那一点，不妨再加入与人类搏斗的狮子——你得花多少时间打猎、睡觉、搏斗、玩耍？我们也能以独立乐队的收入为模型，看看巡演、代言或者唱片销量能否维持其生计。

无论系统是什么，比例模型都有助于人们理解所有复杂的动态，并且让我们把数字置于产生意义之处。现在，我们可以开启谈话。让数字发挥价值，我们做到了。

第十九章

后记：让数字更有价值

本书为"不擅长和数字打交道"及"擅长和数字打交道"的两类人而撰写。这至少是我们给自己贴的标签。

但我们怀疑这样的标签可能有误。

当你开始阅读此书时，可能会认为自己是擅长和数字打交道的人。但两种标签的界限不断模糊，例如，看到自己曾经误解了转换后表达的实际含义，你会感到震惊、警醒。也许你总认为神经冲动就在刹那间，或者国家基金艺术会预算涉及的资金量很大，抑或是落基山脉非常高（K2 笑而不语……）

如果你认为自己是不擅长和数字打交道的人，也许你能轻舒一口气，因为我们其实都不是……并且我们的确对其中一些转换方式由衷地感到兴奋。也许你发现自己已经把某个转换告诉了配偶或孩子——尤其是当你谈论蜂鸟和拍手游戏的时候，完美地避开了数字讨论中（常见）的翻白眼。

一旦我们抵达这步，一旦我们谈到了一个干脆利落的数字转换，你不仅可以充分理解数字，还不费吹灰之力。对度量单位一窍不通的人也能理解葡萄大小肿瘤的尺寸——用更形象直观的话来说，就是 3 厘米。对天文单位毫无概念的人也能理解如果太阳系只有 25 美分硬币那么大，我们需要穿越整个足球场才能抵达离我们最近的类太阳系，对方也不过是草坪上另一枚小小的硬币。

我们看到六年级学生（11 岁的孩子）对搞清楚 100 万秒和 10 亿秒间的区别感到兴奋不已。100 万秒即 12 天后，咖啡店里的下一个比萨日。10 亿秒等于 32 年，在遥不可及的未来（11 岁的孩子到那时是 43 岁！），他念完了高中、大学，结束了第一份工作，即将步入开车接送孩子和心脏病可能发作的无聊年月。

数字与人类经验相去甚远，以至于即使我们认为自己掌握了其中的窍门，它们仍然会从我们身边溜走。专攻科技领域的风险投资家在浩如烟海的数字中冲锋陷阵，站在科技和金融的交叉点上，倚重数字的他们每人都自带词汇表。依你看，他们对数字了如指掌，对吗？

但在 2002 年，他们以一种假设初创企业在 10 年内可以创造超过 1 万亿美元市场价值的速度进行投资。这听上去的确合理——10 年挺漫长的。但当一位《财富》杂志的作者指出，这意味着"到 2010 年，每 10 天就得诞生一家易贝"时，他们才如梦初醒。"不，这不可能。"

这并非意味着风险投资家们没有信息源、不懂手中操盘的数学，或者不关心自己的投资。一切只是因为他们生而为人，任何人都可能对未来充满信心，但都会在面对庞大而复杂的数字时不知所措。要想做出恰当的转换并不需要天赋异禀或者做出突破性的贡献——只需要有人用正确的方式问出精准的问题。

正如达雷尔·赫夫在他 1954 年出版的经典著作《统计数字会撒谎》（*How to Lie with Statistics*）[1] 一书中证明的那样，我们都知道复杂的数字，就如同繁复的语言一样，可以曲解事实。书里遍布教你如何发现统计信息失真的秘诀。但人们如果只寻找谎言，就会怀疑一切。假设人人都在撒谎，比假设人人都说真话更不明智。

更有用的是揭示真相本身的能力，它不仅能让我们发现谎言，还能引发大家围绕共同的真相展开对话。我们如果练习把数字变成现实——卡卡圈坊甜甜圈、城市人口、因疾病死亡——就不必在信任或者不信任的模式中自动切换。我们可以自行甄别。

好的转换可以建立共同语言。人们可能会对 1.48 亿美元的国家艺术基金会预算争论不休，但当转换结果显示，这意味着我们每人每年只要支付 25 美分时，争论必然就变得更加合理了。我们如果把大头儿的预算支出分解成每个人要工作多少周才能还清债务，就能清醒地认识到自己究竟在为什么埋单，哪些地方需要削减开支，以及哪些地方值得追加投资。

生命中有许多美好且伟大的时刻，因为它们为奇迹创造了空间。

经过良好转换的数字，可以满足或者激发我们的好奇心……我们可能想知道："成为蜂鸟是一种什么样的体验?""我们的新陈代谢将是当下的 50 倍"无法给人直观的感受。但"每 60 秒得喝下一罐多的可乐"告诉了我们很多，也让我们对生物体间的巨大差异惊叹不已。

当我们开始着手撰写一本有关数字的书籍时，我们没料想能获得以下感悟：在为本书寻找数据的过程中，我们产生了一种最常见的与自然和信仰联系起来的情感。遗憾的是，我们往往无暇去认真体验它。

这是一种敬畏之情。

书里的数字使我们的敬畏感油然而生。牛奶罐和冰块，让人心生敬畏：在看似遍地是水的星球上，饮用水匮乏得令人咋舌。蚂蚁在天然内置的全球定位系统的引导下完成了长途跋涉，效果远超人造卫星，这让我们对大自然的鬼斧神工钦佩不已。一分钟拍手四次让我们赞叹：它让大家充分欣赏运动员超越极限的惊人速度。当想象 100 套公寓被不公地分配给 100 个人时，我们会对社会不平等震惊不已。足球场上的硬币让我们感叹宇宙时光之浩瀚。

一旦敬畏之情被激发出来，我们就再也不会用旧眼光去看待那些令人惊叹的事物。敬畏既让我们重新排列事物的优先顺序，也作用于我们的内心，让我们更加谦卑、更加专注，暂时将烦心事抛到九霄云外。当我们重返常态时，这些时间足够让我们理顺思路，看清楚究竟什么才是真正值得关注的。以及什么样的事情才是大于自身的重要存在，是我们想要全身心投入的。

你之所以不是一个擅长和数字打交道的人，是因为没人生来就具备这样的天赋。我们都没有。很自然地，我们对 5 以上的数字置若罔闻，也无法在脑内进行复杂的计算。

但你也是擅长与数字打交道的人，因为你能对数字描述的事物感到兴奋。任何你想要做、计划做或者想象的事情，都与数字相连，而每个数字都有相对应的转换，可以让你和其他人直观地理解和感受它。

无论你是一名力图让团队做好准备迎接极具挑战性对手的教练，还是一位竭力让小镇居民理解节水重要性的环保斗士，无论你是一位试图推动从工人到副总裁在内的所有人都去解决一个看似无聊的供应链问题的经理，还是一名绞尽脑汁说服年轻人花上一天时间读完长篇小说的英语老师，数字都在你的工作中占有一席之地。如果你能顺畅地对数字进行转换，让周围每个人都能理解并且参与其中，你就会取得更大的成功。

我们坚信，当我们更经常也更明智地使用数字时，世界会变得更加美好。与传统做法不同的是，大家无须将更多的统计数据塞在一页纸上。事实上，少即是多。更少的数字，往往会带来更大的影响力。我们认为，数字既非可有可无的背景，也不是锦上添花的装饰，而是能够讲述深刻故事的"C 位担当"。我们对数字深信不疑，势必让它们大放异彩。

附录

用数字创造出色的"用户体验"

对用户友好的黄金准则是既小又整的数字。

分数失败规则 1：越简单越好。分数需要你在数字上花时间，为了解释它们，人们还得被迫做数学题。

除非分数只涉及 5 以下的简单数字，否则就太复杂了。这也是人们通常会尽量把它们化成小数的原因。

小数失败规则 2：越具体越好。因为小数处理的是部分和分数，大脑认为它们虚假且不真实。除非你在汇报棒球击球率或者一美元内的美分，否则千万别使用它们（就算你报告的是一美元内的美分，可能还是想取整）。

如果你有很多数据需要比较，那么百分比是个不错的选择，包括：调查问卷的结果、不同日子的降雨概率、选项各异的销售预测。

然而，**百分比之所以被人诟病是因为它们不够具体。**人们在使用百分比而非整数进行推理时，会犯更多的逻辑错误。你如果既想保持百分比的相对精确性，又想摆脱无形化的限制，不妨试试"百人村"的策略：把你抽样的东西装进 100 份额的"篮子"里，把百分比转换成整数。在不丢失任何信息的情况下，消掉分母。

通常来说，整数意义明显，四舍五入后，它们就成为最易于被大脑处理的数字。除非你在迎合学术性的文化工具，否则就使用简单、干脆利落的整数。

上述规则有一例外：文化给予我们一些约定俗成的工具，随着时间的推移，它们会凌驾于规则之上。尽可能使用地道内行的测量系统。别去掉棒球迷们小数点后笨重的 3 位数，因为他们对击球率爱得深沉。同理，别拿走面包师 1/4 或者 1/3 量杯和 1/4 或者 1/8 量匙。

规则 1：满怀热情地取整

谨记，受众很忙，有很多要考虑的事情。他们想要那种既能让自己看清大局，也有助于理解情况的数字，而不是那些需要额外计算的数字。

当我们在房间里向受众抛出一个不友好的数字时，我们就是在给他们增添工作负担。即使是最简单的工作，也在浪费他们的时间、精力和耐心。还记得乔治·A. 米勒是怎样描述人类精神工作空间的吗？他说，我们的记忆广度为 7 个单位（±2）。只要幻灯片上有一个复杂的数字，比如说 85.37 美元加上 24% 的增值税，就可以轻易偷走我们全部的工作空间处理能力。

花在理解数字上的每分每秒都会让把握大局变得难上加难。复杂、诡异的数字——880 320 升、减少 43% 的页数、267.9 千米——让人雾里看花，因为它们逼迫我们与毫无必要的复杂性打交道。简化数字——100 万升、减少 50% 的页数、300 千米——给受众留下余地，让他们有纵观全局的空间。

高难度、理解缓慢、复杂、非用户友好	整数、易于快速掌握、简单
0.34165	略高于 3/10
2/49	约 1/25
4 个 20 年再加 7 年之前	87 年前 ①
483 × 9.79	500 × 10
婴儿潮世代中 64% 的人认为披头士是有史以来最好的摇滚乐队	婴儿潮世代中每 3 人中就有 2 人认为披头士是有史以来最伟大的乐队
87.387 千米	略低于 90 千米
4 753 639 000 000	近 5 万亿

---

① 别吹毛求疵。当我们能成"一家之言"时，也可以无视规则。如果我们能听懂林肯那个时代的语言，很可能是因为他在描述事物时把它们具体化了。在那个时代《圣经》的标准译本（钦定版）中，诗篇 90：10 将人类寿命描述为"3 个 20 年再加 10 年"（70 年）。林肯巧妙地提醒受众，美国已比其创立者经久，即美国存在于地球上的时间已经超过了国父们的寿命。
给《危险边缘》（Jeopardy）的粉丝们插句题外话："答案是：'诗篇第 90 篇被认为是向这位伟人致敬的赞歌，此人也被公认为《摩西五经》的主要作者'。"问题："谁是摩西?"主持人亚历克斯满怀感激地问道。

规则 2：具体点更好

使用整数，但别太多。数值最好小点。尽可能地去数实物，而不是用小数或者分数。到目前为止，最容易处理的是 10 以下的整数。我们用一只手就数得过来或者扫一眼就能目测的最佳范围介于 1~5。但任何我们能用双手手指去数的东西都是实在的物体。

分数通常表现不佳是因为它太过复杂，从而扰乱了我们思维的流畅性。快点，你想要那个派的 6/19 吗？（我们建议不如坚持使用 19/37！）将分数转化为小数可以省去一些数学运算——甩掉了奇怪的分母——却仍然不直观。"你想要 0.316 块派吗？"

如果你听说某孵化场 8.33% 的鸡蛋都臭了，你感觉挺抽象的。那要是说你家的 12 个鸡蛋里有 1 个坏掉了呢？人间真实。可是要再进一步，问"144 个鸡蛋中有 12 个坏了呢？"，数字就会再次"人间蒸发"。一旦你涉及任意的大额数字，比如，37 176 个鸡蛋中有 3 098 个是坏的，数字就又变得几乎毫无意义了。

你如果取不了整数，那就用百分比。32% 比 0.32 更得体，因为它看起来还是整数。与小数不同的是，我们在口语里也会使用分数。大家会说，"50% 的概率"，而不是"0.5 的概率"。

所以，总结一下，尽可能地使用常用语，例如："每三个中有一个"而非"1/3"。优先选择百分数而非小数，例如："33%"

而不是"0.33"。同时，优先选择百分数而非复杂的分数，例如："41%"而不是"7/17"。

小数、百分比和分数过多	更具体、更清楚地使用整数和数量
你为什么不以 50% 的价格，卖给我 2 倍的东西呢？	半价卖我两倍的东西？
给我 50% 的饼干	给我 3 块饼干
增加了 600%	7 倍大
1/33 的学生；3% 的学生	教室里有大约两个学生
0.001%	1/100 000
比萨的 12.5%；1/8 块比萨	给我一块比萨！
12.5% 的女性会患乳腺癌	每 8 位女性中就有 1 人患乳腺癌
门票销售下降了 95%	如果说我们以前能卖出 100 个座位，现在就只卖出 5 个

规则 3：遵从专家意见

学会使用大众的语言。如果受众对某种类型的数字了如指掌，那么你也用它。转换的根本目的是理解。我们通常不建议用小数点后三位的概率来表达成功率，但比起"30% 的命中率"或者"10 次命中 3 次"，棒球迷一眼就能认出"0.300 击球率"。

以子之矛，攻子之盾。不妨用受众最喜闻乐见的方式与之沟通。对外行来说，指数不是日常生活的一部分，所以它不应该出现在他们接触的统计数据中。但对于使用 10 次幂驾轻就熟的科学家来说，科学记数法会让数字变得更简单。购物狂喜欢降价打折，棒球迷对击球率烂熟于心，民调专家惯用百分比。要用行家们能够理解的方式来展现数据。

对普罗大众来说	遵从受众的专业意见
4 次中有 1 次	对棒球迷：0.253 的击球率
2 分钟	对赛马迷：2：03.98
几乎是 1/5 的概率	对赌马者：3 比 13 的赔率
3 英寸	对建筑师：2 又 7/8 英寸
这件衬衫更便宜	对购物狂：打六五折
一次小地震	对洛杉矶人：里氏 3.3 级地震
纽约市内一间中等大小的公寓	对房屋中介（或者经常搬家的纽约人）：775 平方英尺
1 万亿	对科学工作者：1×10^{12}

注　释

注释提供了更多的信息出处和书本之外的研究细节。欲查阅资料来源和详细计算，可访问网站：heathbrothers.com/mnc/webnotes。

引言

1　**感数**　发音为"SUE-bih-tizing"，源自拉丁语 subitus，意为"立即"或者"突然"，该术语旨在描述人们"快速且明确地识别 3 或 4 以内，至多到 5 的小额数字"（https://bit.ly/3dmWH2H）的能力。想想快速识别一对骰子上数字的经历吧。人类并非唯一拥有该能力的物种。包括灵长类动物（https://bit.ly/3e5OL5m）、蜜蜂和墨鱼（https://bit.ly/3doWMDf）在内的其他物种也具有类似能力。

2　**"有名有姓"的数字就寥寥无几了**　有证据表明，只有当物质财富达到足够富足的水平时，某种文化才会发展出 5 以上的数字——如果你没什么东西可数，就无须数数。比如，奥弗曼（Overmann）研究了 33 个当代狩猎–采集社会的样本，人类学家已经对这些社会的数字系统进行了描述。在没有太多东西可供描述的（简单狩猎–采集社会）7 种文化中，没有一种文化中存在 5 以上的数字。但是在 26 个文化复杂度更高的社会中，有 17 个拥有复杂的数字系统，其中还包括了一两种进制（例如，除了现代文化采用的十进制数字系统，其他不同文化还经常采用五进制和二十进制的数字系统——因为人类每只手都有 5 个手指，手指和脚趾加在一起总共有 20 个）。强大的物质文化也倾向于使用物理设备（比如计数棒或者串珠）来辅助计数，"波莫人会使用不同尺寸的串珠和计数棒，一根小棍等于 80 粒串珠，五根计数棒相当于'一根大棍或者 400 粒串珠'"（P.25）。由于在历史上的大部分时间里，人类都生活在简单的狩猎–采集社会中，所以我们有把握认为，史上大多数数字系统也都并不复杂。

3　**"好吧，但我的意思是，很多很多。"**（是的，我们只是在给一个笑话做脚注。）尽管这些场景想象起来很有趣，但它们都基于严重的困境。人类学家注意到，相对于其他社会而言，没有数字的社会处于劣势。"在他们的描述中，阿伊努人和科里亚克人因为缺乏量化技能，都遭受过贸易诈骗。"（Overmann, p. 28）。面对自然环境带来的挑战，他们也显得相对弱势：一位人类学家认为，气候的不稳定迫使文化发展出计算食物和种子的数字系统，这样人们才能熬过漫长的冬天而不至于挨饿（参见 Divale, 1999, paper cited by Overmann, p. 25）。奥弗曼引用了人类学田野调查的观察结论，阿伊努人将二月命名为"最后储存食物"的月份，将三月命名为"在此之前都要挨饿"的月份（即"向饥饿投降"月）。由于食物会在二三月份耗尽，阿伊努人会咀嚼"相对不能吃"的东西，比如兽皮或者皮带。

4   **首先是计数系统，然后是数字，再之后是运算**   计数本身就能创造巨大的社会优势。无须加减——只要知道储存的种子数量或者旅行需要花费的天数即可。在计数上，一套众所周知的高阶数字组合规则允许人们计数到更高值，但社会需要能够指导它的语言框架。（例如，中文数字就比英文数字容易。在中文里，37 就是"三个十和七"；说英语的人必须先学习新单词"thirty"而非更直截了当的"三个十"。）但计数是最早的巨大创新。与计数相比，微积分和几何的实用性不值一提。

偏爱整数可能与人类倾向于用手指计数有关。身体几乎不可避免地成为首个计数设备，尤其是手指。（因此，数字系统往往以 5 或者 10 为基数，尽管有时特别高级的文化会使用以 20 为基数的系统——手指和脚趾并用。）人类学家们注意到，使用手指计数在跨文化交际中"无处不在"（尽管人类学家们推崇文化生活的多样性，却不会随随便便得出这样的结论）。大脑控制手指和手运动的区域与控制基础数字的功能区域相同（Overmann, 2013, pp.21–22）。动动手指有助于人们学习数字，而当研究人员让人们用手来同时完成计数和一项与计数无关的任务时，"一心二用"地完成数数就变得相当困难了。

5   **花掉 5 万美元**
赢得 100 万后：$1 000 000 ÷ $50 000 / 天 = 20 天。
赢得 10 个亿后：$1 000 000 000 ÷ $50 000/ 天 = 20 000 天。
20 000 天 ÷ 365 天 / 年 = 54.8 年。

6   **《吉尼斯世界纪录大全》**   这本世界知名且权威的工具书于 1955 年首次出版，最初被用于帮助人们摆平酒吧赌注纠纷：https://bit.ly/3diqcmq

7   **麦当劳广告预算 vs 美国农业部"每日五食"宣传经费**   在纪录片《超码的我》（Super Size Me）中，导演摩根·斯普尔洛克展示了麦当劳的广告预算（面向全球，14 亿美元）与美国农业部果蔬推广项目预算（200 万美元）间的巨大差异。麦当劳的 14 亿美元有多少花在了美国本土？它们约 40% 的门店都在美国，但美国的广告市场比其他国家的要大很多，所以让我们假设他们将一半（7 亿美元）的全球广告费用花在美国。这意味着，美国农业部在"每日五食"的宣传上每花费 1 美元，麦当劳就会花掉 350 美元。

如果我们今天来重新想象这些数字，可能会惊喜地发现麦当劳已将其预算缩减到 3.66 亿美元（https://bit.ly/3sqxaKk），而美国农业部的预算约仍为 200 万美元（正如美国农业部预算官员报告的那样），比例降到了 183∶1。这意味着麦当劳每隔一天，而非每天就会发布一则广告（而美国农业部则是一年一次）。堪称进步！

8　**"心理麻木"**　心理学家保罗·斯洛维奇研究了该现象，他观察到，随着数字的增加，我们对数字做出情感反应的能力会下降。例如，当听到某人的悲惨遭遇时，我们会深有感触，但面对成千上万人的磨难时，痛苦就变得十分抽象，我们的共情力会减弱。一个发人深省的事实是：当我们从考虑一个人增至两个人时，同理心即刻就会减少。参见 Paul Slovic and Daniel Västfjäll (2013): "The More Who Die, The Less We Care: Psychic Numbing and Genocide," *Behavioural Public Policy*, ed. Adam Oliver (Cambridge: Cambridge University Press).（https://bit .ly/3mRCMMH）

9　**"知识诅咒"**　心理学和经济学都研究过知识诅咒。对该现象的讨论，参见 Chip Heath and Dan Heath (2007), *Made to Stick: Why Some Ideas Survive and Others Die* (New York: Random House), pp. 19-21，在与他人分享答案时，这个曾经帮助大家获得答案的技巧，有时也会成为我们的阻碍。这种现象最初由科林·卡默勒等人提出。参见 Colin Camerer, George Loewenstein, and Martin Weber (1989), "The Curse of Knowledge in Economic Settings: An Experimental Analysis" *Journal of Political Economy* 97:5 pp. 1232-54. (https://bit.ly/33PMvdM)

第一章

1　**圈出每个数字，然后联系上下文**　向黏性点子大师安迪·克雷格和戴夫·尤曼（Dave Yewman）致敬。他们告诉了我们他们和他们指导的演讲者一起做的这个练习。

2　**视角引擎**　在研究中，杰克·霍夫曼和丹·戈尔茨坦发现"视角短语"可以减少一半的错误。参见 Figure 5 of Christopher Riederer, Jake M. Hofman, and Daniel G. Goldstein (2018), "To Put That in Perspective: Generating Analogies That Make Numbers Easier to Understand," *Proceedings of the 2018 CHI*

Conference on Human Factors in Computing Systems. (https://bit.ly/32j0Pum) 视角引擎团队发现，提供"视角短语"大幅度地提高了人们"回忆自己见过的测量值，估算自己没有见过的测量值，以及在被人为修改过的测量值中识别错误"的能力。一些被试的记忆力提高了 15%（这听起来有点儿小，但在高中或者大学课堂里这可能意味着成绩从 B 变成 A+）。参见 Pablo J. Barrio, Daniel Goldstein, and Jake Hofman (2016), "Improving Comprehension of Numbers in the News," *Proceedings of the 2016 CHI Conference on Human Factors in Computing Systems.* (https://bit.ly/3x1Yn9R)

3　**巴基斯坦＝两个加利福尼亚州**　巴基斯坦面积约为 31 万平方英里（https://bit.ly/3nauAqX），加利福尼亚州面积为 16.4 万平方英里（https://bit.ly/3ajyqc1）16.4 万 × 2=32.8 万。

第二章

1　**加仑罐、冰块、水滴**　据《国家地理》杂志报道，世界上只有 0.025% 的淡水既可饮用又能被获取（https://on.natgeo.com/32Qfttv）。如果我们把世界上所有的水用一加仑罐来表示，那么淡水（包括困在冰川里的水）的总量大约只占这一加仑的 2.5%，即 94 毫升。自制冰块每块用水大约是 30 毫升（据私厨记录）。因此我们拥有三块宝贵的淡水冰块。然而，如果地球上只有 1% 的淡水可以以非冰体的形式获得，那么我们还剩下不到 1 毫升的水，约等于每个冰块上融化的 6 滴水。加利福尼亚州垦务局对此做了一个更大规模的说明（https://on.doi.gov/35Xij1u），但我们发现较小的比例模型更具视觉冲击力。

2　**火星火山奥林匹斯山的范围**　据《大英百科全书》（https://bit.ly/2Q2Ktnn）记载，奥林匹斯山高度为 14 英里（22 千米），是地球最高峰的两倍多。商务航线飞行的安全高度通常在 31 000~38 000 英尺内（https://bit.ly/3xgVYs3），但奥林匹斯山 74 000 英尺的高度远超该标准。在这种海拔高度上，商用飞机会遭遇稀薄空气带来的挑战，发动机会因氧气不足而无法工作，这趟旅程将仓皇结束。直径 435 英里（https://bit.ly/2Q2Ktnn）的奥林匹斯山略宽于亚利桑那州（https://bit.ly/32n5kEh）。一架时速 550 英里的波音 747 飞机仅从奥林匹斯山旁飞过，就需要花 45 分钟以上的时间，而飞越峰顶直至它消失在地平线上，则需要更长的时间。依你看，一位普通滑雪者（https://bit.ly/3alEkJP）从峰顶到山脚要花多长时间？这是个陷阱问题——滑雪者抵达半山腰之前就会死于缺氧。

3　**与女性 CEO 的数量相比，叫"詹姆斯"的 CEO 数量更多**　据《纽约时报》2018 年的报道称，世界 500 强公司里叫詹姆斯的 CEO 比女性 CEO 还要多（https://nyti.ms/3tuyL37）。截至 2021 年，情况有了反转，女性 CEO（https://cnn.it/32olxsU）的数量超过了叫詹姆斯的 CEO 的数量。（多么大的进步！）但请注意，即便是男性 CEO 的名字，排名前三的人数，也还是比女性 CEO 的人数多，比如"与女性 CEO 相比，叫罗伯特、斯科特或者詹姆斯的男性 CEO 人数更多"，这样的转换依然让人震惊不已。考虑到詹姆斯只占人口总数的 1.682% 而女性占了 50.8%（https://bit.ly/3uSPQE4），问题显而易见。也许我们应该给更多的女孩取名詹姆斯。

4　**有犯罪前科的黑人和白人求职者**　德瓦·帕格（https://bit.ly/3svUiqS）在她精心设计的研究中发现，尽管犯罪记录会影响所有求职者的回复率，但有重罪前科的白人求职者还是比无犯罪记录的黑人求职者更可能被录用。

第三章

1　**"得分机器"勒布朗·詹姆斯**　虽然勒布朗一生中 35 000 以上的总得分（https://bit.ly/3x2D4EV）听起来让人印象深刻，但当你花点时间把得分分散到他参加的 1 300 场比赛中，才能发现其影响究竟有多大。在他整整 18 年的职业生涯里，每场比赛平均获得 27 分（https://bit.ly/3x2CA1z），这样的数字实在令人震惊。

2　**平民拥枪数的领先者——美国**　据轻武器调查机构（https://bit.ly/3uVBBP2）表示，美国平民拥有 4 亿件武器，该数量比 3.3 亿的公民数量高出 7 000 万。事实上，尽管美国人口仅占世界人口的 4%，却拥有全球 46% 的民用枪支（https://wapo.st/3gjpIhG）。如果我们把多余的 7 000 万件武器分给 134.6 万名（https://bit.ly/2Qy8xOC）全体现役军人——陆军士兵、海军士兵、飞行员，每人最终都将拥有 52 件武器。

3　**小额贷款之父穆罕默德·尤努斯**　基于这段经历，1976 年，尤努斯创办了孟加拉乡村银行，战略性地为在赤贫中挣扎的穷人提供贷款。2006 年，他获得了诺贝尔和平奖（https://bit.ly/2RA4oKw）。这则逸事来自 Muhammad Yunus (1999), *Banker to the Poor: Micro-Lending and the Battle Against World Poverty* (New York: Perseus Books).

4　**人均国债**　据美国政府责任署（U.S. Government Accountability Office）数据

显示，2020 年 9 月，美国国债已升至 27 万亿美元 (https://bit.ly/3gijgaN)。虽然该数字难以想象，但如果把这笔钱分摊到 3.3 亿美国公民头上，人均负债约为 82 000 美元。这挺多的，但不是很多很多，没有 1 万亿那么多。

5   **原型顾客**   该案例源于 Chip Heath and Dan Heath (2007): *Made to Stick: Why Some Ideas Survive and Others Die* (New York: Random House) 一书中的研究案例。

第四章

1   **神奇的数字 7**   1956 年，乔治·A. 米勒首次在一篇引人注目的谈话性论文中用证据论证：人类大脑可以同时保留和处理大约 7 条独立的信息，且不存在较高的出错风险。参见 George A. Miller (1956), "The Magical Number Seven, Plus or Minus Two: Some Limits on Our Capacity for Processing Information," *Psychological Review* 63(2): pp 81 - 97.(https://bit.ly/3x6qsN2)

2   **新款艾德熊汉堡的价值**   正如艾德熊首席执行官艾尔弗雷德·陶布曼在回忆录中所说的那样。(https://bit.ly/3mTKQfV) 参见 A. Alfred Taubman (2007), *Threshold Resistance: The Extraordinary Career of a Luxury Retailing Pioneer*. (New York: Harper Business).

3   **弗里克收藏馆四舍五入的实验**   参见 Jake Hofman and Daniel Goldstein (2021), "Round Numbers Can Sharpen Cognition." 可在开放科学平台（Open Science Framework）上获得预印本。(https://osf.io/4n7sk/)

4   **小数、分数、百分比、比率——对大脑来说根本就不是真正的数字**   这是人类决策界一个长期存在的研究领域。从整体的角度进行思考可以帮助人们进行复杂的数学决策（例如，条件概率产生的偶然结果），但如果缺少整体，他们甚至会在非常简单的情况下犯错误。比如，"合取谬误"（https://bit.ly/3ggMxmh）发现，在概率问题的背景下，许多人会产生多重条件"有刺且为绿色"比单一条件"有刺"更可能发生的认知偏误。当人们用具体标记来代表不同标签时，很少会犯这种错误。参见 Amos Tversky and Daniel Kahneman (1983), "Extensional versus intuitive reasoning: The conjunction fallacy in probability judgment," *Psychological Review*, 90:4, pp. 293 - 31. Gerd Gigerenzer, Peter M. Todd, and ABC Research Group (1999), *Simple Heuristics That Make Us*

Smart (New York: Oxford University Press).

5   **哪种原子在人体内最常见** 元素周期表包含 90 多种自然存在的元素。其中，只有 11 种元素大量出现于绝大多数生物体内，对人类而言，"三巨头"占了大部分。我们选择重点关注人体内的原子数（https://bit.ly/3tMtUus），你也可以按原子量来计算，会产生不同的排序。（https://bit.ly/3mZyJ0W）

6   **上完厕所后洗手的数据** 据舆观调查网（YouGov）最近的一项调查显示，数量惊人的美国人在家上完厕所后不洗手（https://bit.ly/2Qenp51）。值得注意的是，该项调查是在新冠疫情之前进行的。你可能还有兴趣知道，使用洗手间时，1/2 的人仍在玩手机，而它携带的细菌是马桶圈的 10 倍（https://bit.ly/3mWi4ep）。

第五章

1   **对 84 种文化的调查** 参见 Kensy Cooperrider and Dedre Gentner (2019), "The career of measurement," *Cognition*, 191. (https://bit.ly/3niVc9h)

2   **前臂长度"腕尺"** 实际上，对腕尺是否包括手的长度有大量神学上的争论。（https://bit.ly/3ebycEX）在中东工作的考古学家已对"长""短"腕尺做了鉴定——"长"通常指前臂和手，而"短"只是前臂。（https://bit.ly/3ea8FvN）

3   **社交距离海报集锦** 《卫报》发布了这些内容（https://bit.ly/2P4QQWI），以下列表提供了详细链接。
一根冰球球杆的长度——加拿大（https://bit.ly/3tuJ5Z2）
一张榻榻米的长度——日本（https://bit.ly/3ef4COL）
一只成年短吻鳄的长度——美国佛罗里达州（https://cnn.it/3ea8m4l）
一块冲浪板的长度——美国圣迭戈（https://bit.ly/3epleUb）
一只成年食火鸟那么高——澳大利亚北昆士兰（https://bit.ly/2P4QQWI）
迈克尔·乔丹的身高——想象一下迈克尔·乔丹与你和朋友在空中举手击掌——篮球场（https://bit.ly/3ay3Uv8）
一头驯鹿的身长——加拿大育空地区（https://bit.ly/3sqwrsB）
一只熊的高度——俄罗斯（https://bit.ly/3x40KsE）
一英寻——美国海军（https://bit.ly/3ngV8Xt）
一只羊驼的体长——美国俄亥俄州乡村集市（https://bit.ly/32sS553）
1.5 台木材切削机那么长——美国北达科他州（https://bit.ly/3dKlIFw）

两根法国长棍面包的长度——法国（https://bit.ly/3xssG9Y）

四条鳟鱼或者一根鱼竿那么长——美国蒙大拿州（https://fxn.ws/3axo8Fb）

一块冲浪板的长度或 1.5 辆山地车的长度——美国加利福尼亚州奥兰治县（https://bit.ly/3dGg3QA）

四只考拉的体长——澳大利亚悉尼（https://bit.ly/3stguC3）

24 根水牛城辣鸡翅那么长——美国纽约州水牛城（https://bit.ly/3vdl8F2）

72 粒开心果的长度——美国新墨西哥州（https://bit.ly/3uZj8Rx）

4　**巴基斯坦 =2 个加利福尼亚州，而非 5 个俄克拉何马州**　普通美国人可能很难想象巴基斯坦的面积（https://bit.ly/2QDKnlG），更别提在地图上找到它的位置了，"加利福尼亚州面积的 2 倍"提供了一个易于索引的比较。"5 个俄克拉何马州"不仅迫使读者去想象一个更加鲜为人知的州，还要求他们进行难度更大的数学计算，读者在此过程中一头雾水。

5　**土耳其 vs 加利福尼亚州**　土耳其是加利福尼亚州面积的两倍大。所有地区的资料皆源自维基百科。土耳其（785 000 平方千米）略小于两倍的加利福尼亚州（424 000 平方千米）。[①]纽约州（141 000 平方千米）几乎是爱尔兰共和国（70 000 平方千米）的两倍大。大太平洋垃圾带（1 600 000 平方千米）的面积是西班牙（506 000 平方千米）的三倍多。

6　**澳大利亚丛林大火比较**　澳大利亚野火烧毁了 18.6 万平方千米（https://bit.ly/3ojwbK2）的森林。据维基百科显示，日本国土面积为 37.8 万平方千米，叙利亚为 18.5 万平方千米，英国为 24.25 万平方千米，葡萄牙为 9.2 万平方千米。新英格兰地区（康涅狄格州、缅因州、马萨诸塞州、新罕布什尔州、罗得岛州和佛蒙特州）占地 18.6 万平方千米，华盛顿州占地 18.5 万平方千米。

7　**黑猩猩、犀牛和尤塞恩·博尔特一起百米赛跑**　一只黑猩猩、一头犀牛，以及地球上跑得最快的人……这听起来像是笑话的开头，但最好笑之处在于，我们的最佳选手尤塞恩·博尔特，根本无法与犀牛那样笨重的动物相抗衡。如果博尔特在 8.65 秒内跑了 100 米，则可以计算出他的速度是每秒 0.00718 英里。抱歉，我们更换了测量体系，因为"英里 / 时"的单位对大多数美国人来说有意义，而千米 / 时对他们来说没有意义。把它乘以一小时内的秒数，我们就得到了略

---

① 此处数据与正文处略有出入。——编者注

低于 26 英里 / 时的速度。这只比我们最狂野的亲戚——黑猩猩 25 英里 / 时的速度（https://bit.ly/3tpcW53）快一点点，却远远地落后于犀牛的 34 英里 / 时。（https://bit.ly/3srCbCj）

8　**电子游戏市场 vs 电影产业**　当全世界的目光都集中在电影和音乐领域中的俊男靓女身上时，游戏玩家们却暗自窃喜地走进银行。随着电子游戏行业的收益达到 1 800 亿美元（https://on.mktw.net/3drl26n），新冠疫情前 420 亿美元的全球票房收入（这篇沾沾自喜的 *Variety* 杂志文章没有与时俱进）（https://bit.ly/3uVqoxK），以及近 220 亿美元的音乐收入（https://bit.ly/3mZggl0）根本无法与之竞争。

第六章

1　**当学生们抱怨数学课还要考查写作能力时**　格蕾丝·霍珀的名言"我会向他们解释：除非你能和别人交流，否则努力学习数学是没有用的"，来自一本精心撰写的传记，参见 Kurt W. Beyer (2009), *Grace Hopper and the Invention of the Information Age* (Cambridge: MIT Press) p. 124.

2　**它有 984 英尺长**　格蕾丝·霍珀的陈述"有时候我觉得我们应该在每个程序员的办公桌或者在他们脖子上挂一捆（电线），这样他们就知道自己在浪费一微秒时，究竟造成了多大的损失"，来自 Speaking While Female Speech Bank, "Explaining Nanoseconds: Grace Hopper"，网页访问时间为 2021 年 3 月 26 日。（https://bit.ly/3mZ4ZkG）

3　**响应格蕾丝·霍珀的号召，节约每一微妙**　格蕾丝·霍珀是"展示而非告知"的大师。作为一名公众演讲者，她以分发一英尺长的电线而闻名。她解释说，它们代表一纳秒，也就是电在十亿分之一秒内传播的距离。然后，她又从公文包里拿出一卷近 1 000 英尺长的电线——这是电在一微秒内传播的距离。其线轴长达 984 英尺，约有 3 个足球场那么长。

4　**具体能帮助我们更快地理解并更长久地记住某一事物**　1993 年的一项研究调查了具体在阅读理解、读者兴趣水平及其学习能力中发挥的文本功能，涉及了四种文本类型：劝说文、说明文、文学故事和记叙文。在以上每种情况中，人们都能较好地回忆具体的文本内容，而回忆程度视文本类型而异。参见 Mark Sadoski, Ernest T. Goetz, and Maximo Rodriguez (1993), "Engaging Texts:

Effects of Comprehensibility, Interest, and Recall in Four Text Types," *Journal of Educational Psychology* 92: pp. 85–95.（https://bit.ly/2RCnnEg）

5　**谚语、笑话、民谣和史诗等文化产品**　戴维·鲁宾在研究中探索了构成韵文、民谣和史诗基础的记忆机制。他强调，强大的具体意向具有提高歌曲或者故事传播力及其寿命的力量。参见 David C. Rubin (1995), *Memory in oral traditions: The cognitive psychology of epic, ballads, and counting-out rhymes.* (Oxford: Oxford University Press).

6　**肿瘤尺寸**　PDQ 成人治疗编辑委员会。Testicular Cancer Treatment (PDQ®): Patient Version. 2019 Apr 9. 来自 PDQ Cancer Information Summaries [网络]. Bethesda (MD): National Cancer Institute (US); 2002 –.[图：肿瘤大小通常的对照物] 可从 https://bit.ly/3edzyPF 获取。

7　**一副扑克牌的大小**　来源：Center for Disease Control (2008), *Road to Health Toolkit Activities Guide*（美国卫生与公共服务部）pp. 51–52. 可从 https://bit.ly/3dsm4Aq 获取。

8　**集装箱船"长赐"号**　除了田径运动员，谁还能在脑海中清晰地勾勒出 1/4 英里的画面？从另一方面来说，帝国大厦在我们的集体意识中占有一席之地。如果我们拿掉帝国大厦顶部 200 英尺（总高度 1 250 英尺）的细天塔，1 312 英尺长的"长赐"号比它还长。看到这样的场景，我们就能了解这艘船的大小，以及它是怎样堵塞苏伊士运河的。值得注意的是：这艘（漂浮在海洋中的）集装箱船的重量至少是帝国大厦的 60%，因为帝国大厦是一座用钢筋水泥垒起的建筑，它沉重地坐落在陆地上。224 000 吨（https://cnn.it/2PevqGF）vs 365 000 吨。（https://bit .ly/3gtz3nn）

9　**补充营养援助计划**　据预算与政策优先中心（Center for Budget and Policy Priorities）的数据显示，2018 财年，补充营养援助计划家庭平均每月领取约 256 美元，平均每人每月领取约 127 美元——每餐约 1.4 美元（https://bit.ly/3tJVKY9）。见第二部分。

10　**补贴总额**　来自补充营养援助计划的 2018 年年终总结。（https://bit.ly/2Q7nd7K）

11　**每人每餐花费**　参见 Nina Hoffman 和 Sarah Kennedy 在 RecipeLion 网站上发

表的文章 "12 Tasty Frugal Meals Under ＄1.5 Per serving" 中列出了这些食谱。（ https://bit.ly/3alhUbs ）

12　**公寓和财富分配**　2010 年，经济学家爱德华·沃尔夫利用美联储的数据，对美国人的财富等级进行细颗粒度的划分，从而比人口普查统计更加清晰地反映出美国的贫富差距状况。人口普查通常只衡量家庭年收入（ https://bit.ly/3nlpxnt ）状况。美联储的最新数据表明，在沃尔夫研究结束后的十年内，贫富差距程度始终没有改变，美国最富有的 10% 的人仍然拥有全国 70% 的财富，然而后 50% 的人仅拥有 2% 的财富（ https://bit.ly/3eu0mex ）。如果在 2020 年继续进行公寓建筑的类比，最富有的居民将拥有 31 套公寓，仅次于最富有的居民的 9 人将拥有 38 套，接下来的 40 人将拥有 29 套，而最贫穷的 50 人只能挤进 2 套公寓里。参见 Edward N. Wolff (2010), "Recent Trends in Household Wealth in the United States: Rising Debt and the Middle-Class Squeeze—an Update to 2007." Levy Economics Institute of Bard College Working Paper No. 589.

13　**蜂鸟的新陈代谢**　为了进行比较，如果我们以一只体重 3 克的蜂鸟为例，它每天消耗的热量是 5 卡路里（ https://bit.ly/3x7EuOE ），那么一只按照美国人 200 磅平均体重（ https://bit.ly/3tvn4JG ）的比例放大后的 "蜂鸟"，每天需摄入 15 万卡路里的热量。假设这只 "鸟人" 每晚睡 8 个小时，那么每天清醒的时间为 16 个小时，在这 16 个小时内，它每小时得喝 67 瓶可乐。

14　**生动的东西不仅丰富多彩，也更活跃**　生动的事物更直接。我们假设能使事物更加生动的因素与解释水平理论研究的社会知觉、行为和选择的属性相同（ https://bit.ly/3sv30FX ）。脑海中事物的形象越详细、生动，我们与它的心理距离就越小。参见 Yaacov Trope and Nira Liberman(2010), "Construal-level theory of psychological distance" *Psychological Review*. 117:2, pp. 440–63.

15　**托莱多的水**　据维基百科资料显示，由于在俄亥俄州托莱多市净水厂中发现了有毒物质，政府官员要求使用城市供水的 50 万居民停止使用自来水时，该市居民总数为 65 万人（ https://bit.ly/3py11k6 ）。除以总人口后，我们得到了 0.77 或 77%，即大约 3/4 的居民比例。

16　**最近的类太阳系**　距离我们最近的恒星是比邻星，尽管在外太空 "近" 是一个相对而言的词汇。人类需要穿越 4.25 光年，或者 402 080 亿千米才能抵达它（ https://go.nasa .gov/32NRZ8k ）。将事物缩小到人类尺度也无济于事。如果将太阳和海王星范围内的太阳系缩小至二十五美分大小，即直径 43 毫米（https://bit.ly/3aE8mse），你需要将 4 500 个二十五美分排列起来，以此来模拟太阳系和比邻星之间的距离——约 110 米，或者是一个标准足球场的长度（https://fifa.fans/2PrPNjO）。至于我们没有根据冥王星轨道来定义太阳系直径的原因，请参阅网站说明。

17　**只有 100 位村民的"全球村"**　把地球上 77 亿人口比作生活在小村庄的 100 位村民，向我们展示出人类经验的多样性——它超越了地理起源、宗教和语言等传统维度。例如，100 位村民中的 55 人生活在村庄的城市地区，而其他 45 人则生活在周围的农村地区（https://bit.ly/2RUkyP0）。当我们意识到 65 位村民拥有手机（https://pewrsr.ch/3aEfl4v），36 位村民经常刷脸书时（https://bit.ly/3xn0vck），以该种方式思考世界可以帮助我们理解：人类自身与世界其他地区的共同点其实比想象的还要多。但它也凸显出村民的脆弱，由于气候变化，他们中有 25 人面临没有饮用水的问题（https://bit.ly/3gAX9wj）；因海平面上升，8 人面临失去家园的危险。（https://bit .ly/2Pp3tMo）

第七章

1　**100 万秒 vs 10 亿秒**　100 万秒是 11.6 天——不到你生命中的 2 周。10 亿秒相当于 31 年 8 个月 5 天——占据你生命中很重要的一部分。

2　**100 万秒有多长？**
1 000 000 秒 ÷60 秒（每分钟）=16 666 分钟
16 666 分钟 ÷60 分钟（每小时）=277 小时
277 小时 ÷24 小时（每天）=11.6 天
1 000 000 秒 ≈ 12 天

3　**10 亿秒有多长？**
1 000 000 000 秒 ÷60 秒（每分钟）=16 666 666 分钟
16 666 666 分钟 ÷60 分钟（每小时）= 277 777 小时
277 777 小时 ÷24 小时（每天）=11 574 天
11 574 天是多少年？
11 574 天 ÷365.25 天（每年）=31.68 年 ≈ 32 年（注：每年按 365.25 天算是因为每隔四年需划分一次闰年。）
0.68 年 × 365.25 天（每年）=248.37 天

248.37 天（1 月—8 月：31+28+31+30+31+30+31+31）=8 个月又 5 天

4　**比顶部放上自由女神像的埃菲尔铁塔还要高**　美国人均身高是 66.25 英寸（https://bit.ly/2QRU8go）。它的 300 倍就是 19 875 英寸，或者 1 656 英尺。埃菲尔铁塔高 1 063 英尺（https://bit.ly/3aB535d），自由女神像高 305 英尺（https://bit.ly/ 3exyqGD）。把它们摞在一起，也只有 1 368 英尺高——与 1 656 英尺的差距几乎又差了一座自由女神像。

5　**工程师花时间取咖啡**　如果一个团队中的 100 名工程师每天都得花 10 分钟来回喝咖啡，那么每周损失 80 个小时。这相当于 2 名全职员工的工作量。工程师平均年薪为 65 000 美元（https://indeedhi.re/3vlNq1h），所以投资 15 000 美元多设几个新的咖啡机绝对不吃亏！

6　**在英国任意一天的意外死亡率**　据英国国家统计局数据显示，2019 年英格兰和威尔士人口分别为 5 620 万和 310 万（https://bit.ly/3vnwS9b），总计不到 6 000 万。2019 年，英格兰和威尔士的意外死亡人数合计约为 2.26 万人（https://bit49.ly/3sTAyOe）。也就是说，在 6 000 万人中，每天约有 62 人死于意外事故。在任一指定的日子里，你从英国消失的统计学概率约为百万分之一。

7　**衡量各种风险的单位**　1989 年，现代决策分析的鼻祖——斯坦福大学教授罗纳德·A. 霍华德发明了"微亡率"一词。"微亡率"被广泛应用于日常风险的评估。最初提出它是为了方便衡量大多数医疗风险，死亡案例中百万分之一的微小概率，就成了"微亡率"。2021 年维基百科（https://bit.ly/2R2BySH）列出的部分"微亡率"包括：悬挂式滑翔运动（8 微亡率 / 次），分娩（120 微亡率）和新冠疫情最严重时期在纽约生活（50 微亡率 / 天）。参见 Ronald A. Howard (1989), "Microrisks for Medical Decision Analysis," *International Journal of Technology Assessment in Health Care,* 5:3), pp. 357–70. (https://bit.ly/3tUMmRp)

8　**想象《哈利·波特》全套系列**　《哈利·波特》吸引了大量粉丝，书迷们会购买魔杖和服装，并将每卷文字都记得滚瓜烂熟：https://bit.ly/3aCAf3S
《哈利·波特与魔法石》：76 944 个单词
《哈利·波特与密室》：85 141 个单词
《哈利·波特与阿兹卡班囚徒》：107 253 个单词
《哈利·波特与火焰杯》：190 637 个单词

《哈利·波特与凤凰社》: 257 045 个单词

《哈利·波特与混血王子》: 168 923 个单词

《哈利·波特与死亡圣器》: 198 227 个单词

《哈利·波特》系列图书的总字数达 1 084 170 个单词。除去 85 141 个单词的《哈利·波特密室》(这是你的最爱!), 还剩 999 029 个单词。

9   **从联邦预算中削减美国国家艺术基金会资金造成的影响**   据美国国家艺术基金会数据显示, 2016 年美国国家艺术基金会预算为 1.48 亿美元, 而联邦预算总额为 3.85 万亿美元 (https://bit49.ly/3nogNgr)。它相当于总预算的 0.004%。据某个基于算法的单词计数器 (https://bit.ly/3dQscCQ) 显示, 一部典型的文学小说平均长度为 9 万个单词。乘以 0.004%, 即你需要删除 4 个单词。这是有史以来最简单的编辑工作, 但读者会为此付出代价。

10   **燃烧零食卡路里**   一颗 M&M 巧克力豆的热量约 4.5 卡路里 (https://bit49.ly/3tQW5Z8)。虽然新陈代谢率因人而异, 但据以科学为依据的卡路里计数器显示, 每人每爬一级阶梯平均消耗 0.2 卡路里 (https://bit.ly/32LC7TF)。按照这一速度, 爬两层楼就能消耗完 M&M 巧克力豆的热量。读到这里, 你不是唯一一个产生了爬楼梯而非坐电梯念头的人。标签上的卡路里含量对人们行为的影响微乎其微, 可如果将卡路里转化为行动则可以产生明显的影响 (https://bit.ly/2R0ciwk)。要想消耗掉 10 卡路里的品客薯片 (https://bit.ly/3nnzMrl), 你需要花费更长的时间。据哈佛医学院图表 (https://bit.ly/3tPqZRK) 显示, 一个人如果以 3.5 英里 / 时的速度走 4 分钟可以消耗 10 卡路里——这段距离约为 695 英尺 (大约是两个足球场的长度)……比我们曾经走过的路还要长。

11   **论文高峰**   据《自然》杂志报道, 如果你只把科学网上每篇学术论文的第一页打印出来, 那么这摞纸的高度几乎能与 19 340 英尺高的乞力马扎罗山相媲美 (https://go.nature.com/2QXLey5)。也许更令人好奇的是, 迄今为止被引用次数最多的论文, 其被引量远远超过了那些详细论述了更著名的科学发现的论文。

12   **"牛油果: 一堆镍币"**   2019 年, 一个牛油果均价约为 2 美元 (https://bit.ly/3eywi1i), 相当于 40 枚镍币。美国铸币厂 (U.S. Mint) 生产的镍币厚度为 1.95 毫米 (https://bit.ly/2Qrnu5z), 这意味着 40 个镍币叠起来的厚度为 78 毫米或者 3.07 英寸。

2 美元 =200 美分

200 美分 ÷5 美分 =40 枚镍币

40 镍币 ×1.95 毫米厚度 / 枚 =78 毫米

78 毫米 =3.07 英寸

第八章

1　**微型珠穆朗玛峰**　海拔高达 29 032 英尺的珠穆朗玛峰，是地球最高峰（https://bit.ly/3aA2nob）。据美国疾病控制与预防中心资料显示，美国人平均身高为 5 英尺 6 英寸（https://bit.ly/2Qy4t1h），我们在珠穆朗玛峰面前渺如尘埃，但与约 6 毫米高的（https://bit.ly/3sR9Zcc）铅笔头上的橡皮擦，或者与平放后仅 2 毫米高的一粒米（https://bit.ly/3tSLWLk）相比要大得多。如果一个人只有橡皮那么大，那么珠穆朗玛峰得缩小到 103 英尺 11 英寸；如果办公楼的每层楼约 14 英尺高（https://bit .ly/3tPo9Mo），则意味着珠穆朗玛峰的高度将有七八层楼那么高。如果把在山上目瞪口呆的人缩得再小一点，至一粒米那么小，那么珠穆朗玛峰就会降至 34 英尺 7 英寸——约等于郊区一幢宽敞的二层楼房屋再加上一间阁楼的高度。然后，如果我们把人类进一步缩小至一副标准扑克牌中六张牌叠起来那么高（http://magicorthodoxy.weebly.com/magic-reviews/card-thickness-how-will-these-cards-feel），珠穆朗玛峰也将同比缩小至 29 英尺，相当于一幢中等大小两层楼的高度。

2　**如果人类缩小到 6 张扑克牌叠起来那么高**　蜜蜂牌（Bee）赌场定制的红色背纹牌是一种常见纸牌，10 张牌的厚度为 2.78 毫米，即每叠 6 张牌的厚度为 0.066 英寸（http://magicorthodoxy.weebly.com/magic-reviews/card-thickness-how-will-these-cards-feel），或者说人均身高 5 英尺 6 英寸的千分之一。卡片厚度不尽相同，人也有高矮之差，蜜蜂牌卡片的厚度恰好处于中间值，所以 1000 比 1 的比例行得通。K2 有 28 251 英尺高（https://bit.ly/3no1MLQ），按扑克牌比例缩小的话，即 28 英尺 3 英寸，仅比珠穆朗玛峰矮 9 英寸。23 000 英尺的起始点使得喜马拉雅山以 27 英尺高的绝对优势傲视群峰（https://bit.ly/3gCAO1n），14 800 英尺高的青藏高原（https://bit.ly/3aEMM6T）有 14 英尺 7 英寸高。海拔 15 771 英尺的勃朗峰（https://bit.ly/3dMLR6y）即使只多出了 11 英寸，也是世界上一些超过这一高度的其他山峰之一。落基山脉最高峰——科罗拉多州的埃尔伯特山海拔 14 443 英尺（https://bit.ly/3dRpZ9S）和密西西比河东岸最高峰——北卡罗来纳州海拔 6 684 英尺的米切尔山（https://bit.ly/3 xwuigb）在青藏高原面前都"稍逊风骚"，它们缩小后的高度分别为 14 英尺 5 英寸和 6 英尺 8 英寸。不列颠群岛的最高峰——位于苏格兰的本尼维斯山

（https://bit.ly/3nl2NUJ），看起来非常矮小，4 406 英尺的高度缩小后只有 4 英尺 5 英寸，和路边的邮箱一般高。（https://www.usps.com/manage/mailboxes.htm）

对于只有 6 张卡片叠起来那么高的人类来说：66 英寸 ÷0.066 英寸 = 比例尺 1 000∶1

K2 海拔 28 251 英尺 ÷1 000=28.25 英尺，或者 28 英尺 3 英寸

8 611 000 毫米 ÷838 毫米 =10 276 毫米，或者 33 英尺 8 英寸

喜马拉雅山脉平均海拔约 23 000 英尺，换算后约为 23 英尺

青藏高原海拔约为 14 800 英尺，换算后为 14.8 英尺，或者 14 英尺 10 英寸

勃朗峰海拔 15 771 英尺，换算后为 15.8 英尺，或者 15 英尺 9 英寸

埃尔伯特山海拔 14 443 英尺，换算后为 14.45 英尺，或者 14 英尺 5 英寸

米切尔山海拔 6 684 英尺，换算后为 6.68 英尺，或者 6 英尺 8 英寸

本尼维斯山海拔 4 406 英尺，换算后为 4.41 英尺，或者 4 英尺 5 英寸

3　**把全世界的水放进一个游泳池**　奥运会标准的游泳池的容积是 66 万加仑（https://bit.ly/3etTH3V）。据《国家地理》杂志估算，人们仅仅能获取世界上 0.025% 的淡水（https://on.natgeo.com/32Qfttv），即我们只拥有 165 加仑淡水。这些水甚至装不满 200 加仑容量的三人热水浴缸（https://bit.ly/2S6ZYey），更别提填满凯蒂·莱德茨基获得金牌的游泳池了。

4　**沙漠蚂蚁马拉松式的觅食跋涉**　左边方框直接引用了由 Arne D. Ekstrom, Hugo J. Spiers, Véronique D. Bohbot, R. Shayna Rosenbaum (2018) 撰写的具有开创性意义的作品 *Human Spatial Navigation* (Princeton: Princeton University Press)。该书探讨了人类认知，以及它怎样建构了人类导航能力的基础（https://bit.ly/3tUVYvu）。该转换有助于我们将蚂蚁出色的感官系统与我们自身的感官进行比较：华盛顿市区面积约为 75 千米乘以 75 千米，从弗吉尼亚州的马纳萨斯一直延伸到马里兰州的乔治王子县。如果你绕路走，国立卫生研究院到五角大楼（https://bit.ly/3sS0k5t）的距离也只不过 30 千米（18.5 英里）。而沙漠蚂蚁成功穿越这么长的距离时，连张地图都没有，当然口袋里更不会揣着智能手机。

5　**慢动作烟花——光速 vs 声速**　恒定光速为 186 282 英里 / 秒（https://bit.ly/3dMSiGK），声速则取决于一些变量，比如声波穿过的介质和环境温度。假设新年庆祝活动发生在南加州，当地天朗气清，温度在华氏 68 度左右。在这种情况下，声音传播的速度约为 760 英里 / 时（https://bit.ly/3nmmvQc）。如

果新年烟花的光亮需要花上整整 10 秒才能抵达观众，那么它必然处于 186.2 万英里之外，依据物理学定律，声波穿过同等距离需花费 102 天。(在此，除了与速度有关的情况，我们都必须暂停使用物理学定律，因为任何远离地球的东西都处于太空中，而声音是无法在真空中传播的)。在本案例中，烟花表演与地球的距离几乎是地月距离的 8 倍——真是场压轴好戏！(https://go.nasa.gov/3ns5KTG)

6　**黑人家庭美分储蓄 vs 白人家庭美元储蓄**　2020 年，西北大学的研究人员克里斯汀·佩切斯基和克里斯蒂娜·戴维斯从消费者财务状况调查（Survey of Consumer Finances）中获取了佐证黑人有孩家庭的经济脆弱性的数据。我们从中得到了美分 / 美元的数字。场景一受到了 2019 年美联储报告的启发。据该报告称，美国 2/5 的成年人无法在紧急情况下拿出 400 美元（https://bit.ly /3tVlvoz）。在现实世界中放大美分 / 美元的差距，就可以说明这种差距有多么可怕：在巨额的医药费账单面前，2 000 美元的银行存款与囊中羞涩的 20 美元形成鲜明对比。这也体现出退休户头里 50 万美元 vs 只有 5 000 美元过活的巨大差距。每年去看急诊的 1.3 亿美国人（https:// bit.ly/3viBfSF）中，有多少属于那 2/5 没有支付能力的人？参见 Christine Perchески and Christina Gibson Davis (2020), "A Penny on the Dollar: Racial Inequalities in Wealth among Households with Children." *Socius: Sociological Research for a Dynamic World.* (https://bit. ly/3dOhMmY)

7　**5 分钟的"现在就做"平添出了三周课时**　考虑到每学年有 180 天（https://bit. ly/3dBDnzv），我们可以轻易计算出每天增加 5 分钟在几周或者几个月内的累积量，最后总计为 540 分钟。除以小时后，它就是额外的 9 节课。假设每周上 3 天课，就相当于增加了 3 周课时。这是老师的美梦或是差生的噩梦，但无论如何，都让学生们有了更多的学习时间。Doug Lemov (2014), *Teach Like a Champion 2.0: 62 Techniques that Put Students on a Path to College* (New York: John Wiley & Sons)(https://bit.ly/3eDsTP4) 描述了"现在就做"的方法。

8　**放弃周五刷脸书**　这是一组谁都不愿意相信的统计数据——我们平均每天花在社交媒体上的时间为 2 小时 22 分钟（https://bit.ly/3dO08zF）。如果你连续 5 个月每周五都不玩社交媒体，你就能从生命中"回收"2 860 分钟（47.6 小时），并且可以用它们来阅读"从来没时间"看的书。按照 238 个词 / 分钟的平均阅读速度（https://bit.ly/2QzqnB4），总计约为 676 000 个单词，就算是本大部头的作品也不在话下，再不济你也能读完一些短篇幅的经典（https://bit.

ly/32ORniw ; https://bit.ly/3xpPiYq ; https://bit.ly/3nmjCyF)。以下列举阅读时长都在范围内的作品，供您选择：

100 000 个单词以下：	200 000 个单词以下：	675 000 个单词以下：
《纳尼亚传奇》系列： 45 535 个单词	《印度之旅》： 101 383 个单词	《堂吉诃德》： 344 665 个单词
《了不起的盖茨比》： 47 094 个单词	《百年孤独》： 144 523 个单词	《安娜·卡列尼娜》： 349 736 个单词
《瓦解》： 57 550 个单词	《隐形人》： 160 039 个单词	《指环王》系列： 576 459 个单词
《达洛维夫人》： 63 422 个单词	《简·爱》： 183 858 个单词	《战争与和平》： 587 287 个单词
《紫颜色》： 66 556 个单词		
《宠儿》： 88 426 个单词		

第九章

1 **疾病造成的死亡率超过了伦敦大瘟疫** 参见 Edward Tyas Cook (1913), *The Life of Florence Nightingale*, vol. 1, p. 315. (London: Macmillan)

2 **"计划为 10% 的士兵提供医院床位"** 引言来自 Lynn MacDonald (2014), *History of Statistics: Florence Nightingale and Her Crimean War Statistics: Lessons for Hospital Safety, Public Administration and Nursing.* (https://bit.ly/3aDqfro)

3 **《富有同情心的统计学家》** Eileen Magnello (2010), "Florence Nightingale: The Compassionate Statistician," *Radical Statistics* 102, pp. 17–32. (https://bit.ly/3xx1O8T)

第十章

1 **美国大雾山国家公园** 虽然 1 250 万名游客听起来很多，但该数字没有被置于任何背景中。据国家公园管理局数据显示，2019 年大峡谷以近 600 万人的游客数量位列第二。至少从 2001 年起，每年情况皆是如此：大雾山国家公园总是独占鳌头，其游客数量是大峡谷的两倍（https://bit.ly/3sXjJ4S）。

2 **尼罗河仅比亚马孙河长一点点** 从多种衡量标准来说（其中一些标准甚至是由公正的科学家们所制定的）（https://on.natgeo.com/3tR3yaD），亚马孙河不仅是地球上最大的河流，也是最长的河流。虽然人们公认尼罗河的长度为 6 650 千米（https://bit.ly/3aJl0Fc），而依不同的测量标准，亚马孙河的长度则从 6 400 千米到 6 992 千米不等，这完全取决于你从哪里开始计算它的源头和河口。如果把河流比作人，如果尼罗河有 6 英尺高，那么按照传统（较短的）计法，亚马孙河高度为 5 英尺 10 英寸，但如果按宽松的标准计算，亚马孙河接近6 英尺 4 英寸。换句话说，这取决于河流穿了什么样的鞋子。

3 **亚马孙河是世界上无出其右的最大河流** 如果我们把它们的流量转换为成人的体重，那就差得远了。如果尼罗河的平均流量为 2 830 立方米 / 秒，它就相当于一个平均体重为 180 磅的人，那么流量为 20.9 万立方米 / 秒的亚马孙河（https://bit.ly/2R0Ng06）的体重则为 13 312 磅，这比一头大型的雄性非洲大象还要重。

4 **加利福尼亚州的世界经济地位** 据维基百科介绍，加利福尼亚的 GDP 为世界第五，仅次于美国、中国、日本和德国（https://bit.ly/3xr6cWQ）。这意味着，尽管联合国承认世界上有 195 个主权国家，加州的经济体量还是能让其中的190 个自惭形秽。要是听到加州人谈论脱离联邦独立，确保你在笑的同时三思而后行，对吧？顺便说一句，即使失去了加州，美国仍将是世界上最大的经济体。

5 **苹果帝国的财富** 据瑞士信贷的《全球财富报告》显示，2019 年，仅有 21 个国家的财富总值超过了 2 万亿美元（https://bit.ly/3aDpxue）。美国是唯一一个财富总额达到 15 位数的国家，其财富总额为 106 万亿美元。中国紧随其后，其财富总额为 64 万亿美元，其次是日本和德国，它们的财富总额分别为 25 万亿美元和 15 万亿美元。墨西哥和巴西等一些国家之所以上榜，很大程度上是因为其人口众多；而瑞典和比利时等其他国家的财富水平尽管与之旗鼓相当，人口却少得多。

6　**如果让奶牛组成一个国家**　据联合国粮食及农业组织宣称，14.5% 的二氧化碳排放量来自牲畜（https://bit.ly/3aEIzAh），其中占 62% 的奶牛堪称罪魁祸首（https://bit.ly/3vqGNuF），也就是说我们的大眼伙伴每年排放的温室气体约占全球总量的 9%。因此，从全球产出来看，居于首位的是排放大国中国（28%），然后是美国（15%），排名第三的是……奶牛。印度（7%）排第四（https://bit.ly/3noaRny）。"让奶牛组成一个国家"一语出自朱棣文，文章来源是 Tad Friend (2019). "Can a Burger Help Solve Climate Change?" *The New Yorker* September 30, 2019.

第十一章

1　**德怀特·艾森豪威尔著名的《给和平一个机会》演讲**　于斯大林去世后不久发表，也被称为"铁十字勋章"演讲，这是对战争支出历史性的警告。全文可于艾森豪威尔图书馆查阅。（https://bit.ly/3gGhwYX）

2　**果汁 vs 甜甜圈、糖之交响乐**　蔓越莓果汁似乎是个健康的选择。所以当我们发现标准软饮料——12 盎司优鲜沛蔓越莓苹果汁中含有 44 克糖时，会非常震惊。这比你吃掉 3 个含 30 克糖的卡卡圈坊釉面甜甜圈（https://bit.ly/3sQMDDJ）外加 3 块方糖（每块 4 克，https://bit.ly/32N0gsS）摄入的糖分还要多。很明显，你应该吃掉 3 个甜甜圈，然后留 1 块方糖给咖啡，果汁就别喝了。

3　**每年有近 27 万患者死于脓毒症**　源于美国国立卫生研究院数据（https://bit.ly/3sNvHhz）

4　**将脓毒症的死亡率降低 55%**　来自 Kaiser Permanente 的数据分析，参见 B. Crawford, M. Skeath, and A. Whippy, "Kaiser Permanente Northern California sepsis mortality reduction initiative," *Crit Care* 16, P12 (2012).https://bit.ly/2QWOedV）

5　**每个女性乳腺癌患者和每个男性前列腺癌患者**　2019 年，在美国有 42 281 名女性死于乳腺癌，31 638 名男性死于前列腺癌，45 886 人死于胰腺癌，27 959 人死于肝癌，总人数为 147 764 人。来源：美国疾病控制与预防中心网站。（https://bit.ly/3vlTA1m）。
本章版本只讲述了故事的一半，迄今为止，脓毒症干预措施拯救生命的能力比该比较所展示的更强。实际上，干预措施可以挽救"每位女性乳腺癌患者、每位男性前列腺癌患者，以及每位胰腺癌或肝癌患者……或者同时罹患以上两种癌症的病患"。

为什么不在本章的最终版本中包括这些内容呢？因为这是一个主观判断，我们的决定也许有误。但我们怀疑，测试后大家可能会发现，看完乳腺癌与前列腺癌的简化版比较后，人们更愿意采取行动。它们有吸引医学界注意力的明确剧本。

6　**世界上人口最多的那些城市**　该统计数据使用了联合国列出的 81 个人口超过 500 万的世界之城的名单（https://bit.ly/3gG7E1x）。伦敦和巴黎人口都在 1 000 万左右，巴塞罗那的人口为 500 万。中国最大的城市上海市的人口，相当于这 3 个欧洲城市人口的总和。

第十二章

1　**被诊断出患有精神疾病的概率有多大？**　据约翰斯·霍普金斯大学（https://bit.ly/2LDDQoB）估计，每年有 1/4 的成年人被诊断出患有精神疾病，美国国立精神卫生研究院（https://bit.ly/3opOWfD）的估值为 1/5。然而，据疾病控制中心（https://bit.ly/386MPHw）数据显示，人在一生中被诊断出患有精神疾病的可能性是 1/2。在未来一年里，同处一室的每 10 人中，就有 2 人可能被诊断出患有精神疾病；每 10 人中有 5 人会在生命中的某一时刻被诊断出患有精神疾病。

2　**肯尼亚 vs 美国——食品支出在收入中所占比例**　据香港环亚经济数据有限公司（CEIC）数据（https://bit.ly/3uQuQif）显示，2019 年，肯尼亚人的年平均收入约为 7 000 美元；而据美国人口普查局（https://bit.ly/3b8VLxY）数据显示，2019 年美国家庭收入的中位数为 68 700 美元。如果美国人像肯尼亚人一样，把一半的收入花在饮食上（https://bit.ly/3v3Ycsy），他们每周的食物花费约为 660 美元。该场景灵感源自 Mike Fairbrass and David Tanguy's 2017 *The Scale of Things*（Quadrille Publishing）一书中描述的事实。

3　**亿万富翁的台阶**　据美国人口普查（https://bit.ly/3vgY9do）数据显示，50% 的美国人（以及几乎 90% 的人，https://bit.ly/3kKgDi6）的家庭财富低于 10 万美元（瑞士信贷《全球财富报告》，https://bit.ly/3hS5A4Y），所以 1/2 的人永远迈不上第一级台阶。只有不到 25% 的美国人净资产超过 42.7 万美元，所以只有 1/4 的人能迈上第四级台阶。不到 1/10 的美国人可以迈上第十级台阶，即突破 100 万美元大关。当我们把贝佐斯 198 000 000 000 美元的财富（https://bit.ly/3vgY9do）除以 10 万美元时，就得到了 1 930 000 步。因此，如果你连续两个月每天花 9 个小时，以 61 步 / 分钟的速度爬楼梯（研究人员称，该速度低于平均水平 https://bit.ly/2LbIxX2），最终会抵达他的财富水平。你最好穿双舒服且撑得住的鞋子！

4　**普锐斯的高光时刻**　据美国交通部数据（https://bit.ly/3rk0ti7）显示，美国人平均每天开车 40 英里。如果你的车按照美国环保署（https://bit.ly/3uUE25g）的建议，每加仑汽油能让汽车跑 25 英里，当你把车换成普锐斯后，每个月可以省下一半的燃油钱：如果燃油价格为 3 美元 / 加仑，你每个月可节省 72 美元，或者每年节省 864 美元。

第十三章

1　**击球者遇上拍手者的实例**　声学科学家布鲁诺·雷普发现，成年人平均每秒可拍 4 次掌（https://bit.ly/3uYnNUJ），即 250 毫秒 / 拍。一枚时速 90 英里的快速球从出球到本垒需 400~450 毫秒，而完成一次完整的挥棒动作需 150 毫秒（https://bit.ly/3gezhi8）。这意味着击球手仅有 250~300 毫秒（https://n.pr/3hWFRbC）的时间来决定是否挥棒：刚好是两次拍间隔的时间。值得注意的是：拍手速度的世界纪录是每分钟 1 103 次，平均每秒拍手 18.3 次，或者每 41 毫秒拍一次手。（https://bit.ly/3aDEegw）

2　**用拍手来测量世界上速度最快的 200 米短跑**
当尤塞恩·博尔特在 2016 年奥运会上以 19.78 秒的成绩赢得 200 米短跑冠军时，对手与他的差距仅有几毫秒。按照每秒拍手 4 次（每次拍手 0.25 秒）的速度，如果我们在博尔特冲过终点线时开始拍手，第二名将在第二次拍手前 0.01 秒越线。第三次拍手时，三至七名的选手都跑过了终点线，只剩下第八名取得了第四次拍手前 0.1 秒的成绩，远远地落后他人。

3　**每个人为国家艺术基金会提供的资金**
每次制定国会预算时，大家都会围绕拨给艺术的公共资金展开激烈的辩论。2016 年，国家艺术基金会从 3.9 万亿美元的联邦预算（https://bit.ly/3esWj2c）中分得约 1.48 亿美元（https://bit.ly/3bmcspO）的拨款。如果将国家艺术基金会获得的款项除以联邦预算，就相当于总额的 0.004%。典型的美国人年收入 6 万美元，他们需支付约 6 300 美元的联邦税（https://bit .ly/3v4Yu3e），相对应的贡献则是 25 美分，或者一枚闪亮的 25 美分硬币。

4　**三女一男的立法团体**
据皮尤研究中心（https://pewrsr.ch/3rtD91l）数据显示，尽管 2020 年美国众议院的女性议员数量创下了历史新高，但她们仍然只占国会席位的 27%。为了向一整间屋子的人说明这种不平衡，我们创建出一个三女一男的小组，然后指示女性对那些会对男性造成影响的政策投票。正如费罗尼精辟阐述的那样，结果不言自明。（https://bit.ly/2MYLsDs）

5　**杰夫·贝佐斯 11 秒的收入**
2020 年，杰夫·贝佐斯的净资产增加了 750 亿美元（https://bit.ly/3ec01yG），年终其总身价约为 1 880 亿美元。用 750 亿美元除以 365 天，每天为 2.05 亿美元。再除以 24 小时，可得 850 万美元 / 时。除以 60 分钟，每分钟约 14.3 万美元，进一步得出每秒约 2 400 美元。综上，杰夫·贝佐斯在 11 秒内可赚 2.6 万美元。

6　**把手套放在会议桌上**
该故事出现在 John P. Kotter and Dan S.Cohen (2012), *The Heart of Change: Real-life Stories of how People Change Their Organizations* (Cambridge: Harvard Business Review Press) 一书中，由乔恩·斯特格纳讲述。

第十四章

1　**硅谷的风险投资**　作家拉斯·米切尔指出，要想让投资科技初创企业的 2 520 亿美元的风险投资达到 18% 的年回报率，在 10 年内，需诞生 325 家以上的易贝，才能创造出 1.3 万亿美元的投资价值，即连续 10 年，平均每月 2.7 家（https://cnn.it/3aYvXEr）。2010 年的版本是，在接下来的 10 年内，每月得有 2 至 3 家脸书上市（IPO）。（https://nyti.ms/3 gFypDf）

2　**保罗·斯洛维奇研究了我们的同情心**　保罗·斯洛维奇在研究中回顾了弗洛伦丝·南丁格尔的研究方法，并指出枯燥的统计数据无法像个人故事那样打动人心。他的研究详细描述了集体悲剧为什么无法激发适当的情绪反应，以及当我们将关注焦点从一个人的生活转移到两个人时，同情疲劳的"情绪失焦"是怎样产生的。Paul Slovic and Daniel Västfjäll (2015), "The More Who Die, the

Less We Care: Psychic Numbing and Genocide," *Imagining Human Rights*, pp. 55–68 (De Gruyter) (https:// bit.ly/32MciCY); Paul Slovic (2007), "'If I Look at the Mass I Will Never Act': Psychic Numbing and Genocide," *Judgment and Decision Making* 2:2, pp.79–95. (https://bit.ly/3tVchZd)

3　**重新审视枪支问题**　据人口普查局提供的"人口钟"（Census Clock）显示，美国每 9 秒就有一个婴儿出生（https://bit.ly/3nor4co）。因为一年约有 3 150 万秒，可以计算出约 350 万婴儿将在该时间段内出世。当我们把多余的 7 000 万枪支（https://wapo.st/3tT6547）包装成礼物送给每位新生儿时，需要花费近 20 年才能全部发完。

4　**熟悉的测量**　"The distance covered while drinking a young coconut." Kensy Cooperrider and Dedre Gentner (2019), "The career of measurement," *Cognition* 191. (https://bit.ly/3nmpqbq)

5　**查尔斯 · 菲什曼的矿泉水瓶**　Charles Fishman (2007), "Message in a Bottle," *Fast Company*, July/August (https://bit.ly/3sMQoKs). 依据当时依云矿泉水和优胜美地山泉水在旧金山市政系统中的定价，一瓶依云水的价格足以让我们在长达 4 年半的时间里不间断地接满整瓶自来水。

6　**六西格玛企业管理战略**　参见维基百科。（https://bit.ly/3bUCnVD）

7　**不放弃任何一支安打**　优秀先发投手的标准是一赛季之内的投球局数达 200 局以上（https://bit .ly/3euQIIJ），大多数投手每局可投 15 个球（https:// atmlb. com/32R8DDP），每赛季累计投球约 3 000 个。这意味着你必须历经 98 个赛季才被允许有一次失误（无论是错过好球区还是放弃任何一支安打）。

8　**每分钟的谋杀 vs 每天的谋杀**　据美国疾病控制与预防中心数据显示，美国每年有 19 141 起谋杀案（https://bit.ly/3r38qr6）。用该数字除以每年 365 天，每天约 52 人死亡。如果把它进一步分解，除以每天 24 小时，那就意味着每小时有 2 人被杀害，或者每 30 分钟就有 1 人被杀害。每小时 2 人的谋杀率堪比电视上典型的侦探节目，但想象一下每天被杀害的 52 人能填满电影院的前几排座位的画面，就很有分量感了。
但是，等一下！你不是建议聚焦于"1"吗？好问题：在那一章中，我们之所以建议你首先尝试聚焦于"1"，是因为它是最简单的解决方案。然而在此，尽管我们也尝试这样做，却没能取得预期的情感效果。在这种情况下，最好试试其他技巧。

第十五章

1 **美式餐饮 vs 地球上的可用土地** 据《用数据看世界》（*Our World in Data*）一书显示，为了饲养足够的牛、猪和鸡，我们需要 138% 的可居住土地，才能以美国人的进食方式（https://bit.ly/2Nsr6m9）养活全世界的人。世界上有 1.04亿平方千米的可居住土地，为了让大家都以美国人的饮食习惯生活，我们必须让土地物尽其用——把所有的郊区庭院和垒球场都改造成养牛场，在家里的地下室和办公楼里学习养鸡技术。可即使这样也还不够。我们还需要额外增加38% 的土地。1.04 亿平方千米可居住土地的 38% 即 3 550 万平方千米。据《世界地图集》显示，非洲的总面积为 3 000 万平方千米，澳大利亚的面积为 850万平方千米（https://bit.ly/3eT95Jd）。把它们加在一起，也只比我们额外所需的 3 550 万平方千米略多一点。（但即便如此，也低估了所需的额外面积，因为它假设澳大利亚和非洲的每平方千米都适合人居住。）

2 **中强力球彩票的概率** 要想让人们真正理解巨大且不太可能实现的概率，不妨以强力球头奖的赔率 1/292 201 338（https://bit.ly/2RUdAJR）为例。把 292 201 338除以 300，你就得到了 974 000。如果把该数字除以 365 天，我们就得到了2 666 年，这个数字挺难的，但也没难到无法掌握的地步。安可在该例子中所起的作用是，如果我们只是想象让某人从 292 201 338 个可能的日子中猜出一天，那么这个范围将扩大到 800 020 年又 33 天。这就意味着，不走运的猜谜者必须在公元元年 1 月 1 日到公元 800 020 年 2 月 2 日间挑选一个日期。虽然2 666 年让人觉得有些牵强，但至少还在我们生活的 1 000 年之内——假如再把范围扩大几十万年，数字就会变得过大，以至于我们无法真正意识到中头奖有多么"天方夜谭"。

3 **空中神蛙** 青蛙跳跃的距离因种类而异，但据芝加哥菲尔德自然史博物馆研究发现，北方豹蛙跳跃的距离是体长的 15 倍（https://bit.ly/3aDjeXA）。鉴于美国人的平均身高是 5 英尺 6 英寸（https://bit.ly/2Qy4t1h），如果你拥有牛蛙的跳跃能力，你可以跳到 82 英尺那么远，这远远超过了 NBA 球场上三分线与对方篮筐间 66 英尺的距离（https://on.nba.com/2PmvaFD）。这不仅是任何职业篮球运动员梦寐以求的单次跳跃距离，也是斯蒂芬·库里举世无双的投篮距离的两倍——尽管在其职业生涯中，他有可能在某场比赛最后一秒投篮时，从这么

远的距离命中过。(https://bit.ly/2QXDYlw)

第十六章

1   **史蒂夫·乔布斯介绍苹果笔记本电脑 MacBook Air**　最好的资料来源是一段剪辑过的 4 分钟视频，可以在（https://bit.ly/3gk8Bux）上找到。然而，转换的幻灯片只出现在一个多小时的完整版演讲中。

2   **罗密欧·桑托斯的演出门票在洋基体育场售罄两次**　Larry Rohter, July 10, 2014, *New York Times*, July 10, 2014.

3   **世界各国人民如何看待自由贸易**　源自法里德·扎卡利亚，"New consensus on value of trade, US is the odd man out." *Newsweek*, October 22, 2007（https://bit.ly/3tT7yat）. 扎卡利亚报道了一项皮尤研究中心的研究 *World Publics Welcome Global Trade—But Not Immigration*, 47-Nation Pew Global Attitudes Survey October 4, 2007.（https://pewrsr.ch/3eyGGpL）

4   **全球巨人**　描述神经科学家大卫·林登类比的引文摘自乔尔·利维 2018 年出版的 *The Big Book of Science: Facts, Figures, and Theories to Blow Your Mind* (New York: Chartwell Books)（https://bit.ly/2QY1vTx）一书第 198 页。这本书里有很多有趣的数字转换。乔尔·利维独具慧眼，使用了吸引人的图表。如果你想给自家的初中生或者高中生看看《吉尼斯世界纪录》中的奇迹，也想让他们了解世界上更多重要的事情，不妨购买利维的这本书吧。

第十七章

1   **"从来没有人能在这样低温的情况下幸存。"**　案例研究取自 Michael Blastland and David Spiegelhalter (2014), *The Norm Chronicles: Stories and Numbers About Danger and Death*. (New York: Basic Books) p 15. (https://bit.ly/32RjnlC)。

2   **数值为 50 时，我们不会让你出门旅行**　该研究案例源自当时 28 岁的研究生布赖恩·齐克蒙德 - 费希尔，他正考虑是否要接受骨髓移植。手术后他得以幸存。现任密歇根大学医学院教授，教授风险沟通等课程。Chip Heath and Dan Heath (2013), *Decisive: How to Make Better Choices in Life and Work* (New

York: Crown Business) pp.120 – 26.

3　**宇宙的浓缩历史**　卡尔·萨根在代表作《宇宙》系列纪录片中，将宇宙的历史浓缩至一年，大爆炸发生在宇宙日历的 1 月 1 日（https://bit.ly/3tXlBfu）。直到 5 月，银河系才形成，直至 9 月中旬，太阳和地球才形成。生命在接下来的几个月里不断进化，直到 12 月底，第一批人类才诞生。无论你使用何种时间尺度，结论都很清楚：人类本身是宇宙和有记载的历史中非常新的成员——这只能追溯到大约 5 000 年前——在所有发生过的事情中，其所占比例非常之小。

第十八章

1　**纳税年度**　该计算比预想要难得多，因为没有可以衡量选民究竟缴纳了多少税款的单一来源，并且也没有一张可以让人看到钱被用于何处及何种项目的全景图。如果需要集齐五位经验丰富的研究人员才能一点点拼凑出一页纸上的数据，我们怎么能对一份合理的预算进行一次全美国范围内的大讨论呢？幸好我们还得到了杰出的李·罗伯茨的鼎力相助，他是北卡罗来纳州的预算主任，并且在杜克大学公共政策学院教授研究生公共预算课程。

我们发现最好的总结出自国会预算办公室（https://bit.ly/3ey3Ooj）。

2018 年，总预算支出为 4.1 万亿美元：

9 820 亿元用于社会保障（24%）

9 710 亿美元用于医疗保险（5 820 亿美元）+ 医疗补助（3 890 亿美元）（24%）

3 250 亿美元支付国债利息（8%）

综上，半数以上的国家年度预算都被用于上述三类支出，它们有时被称为"不可自由支配的"开支，这意味着它们在短期内是不可改变的，但中长期有可以改变的空间。"可自由支配"的开支也有两类：

6 230 亿美元的国防开支（16%）

6 390 亿美元的非国防可自由支配开支（16%）

最后一类是最有意思的。尽管"非国防可自由支配"开支仅占预算的 16%，却几乎囊括了我们通常认为的国家层面上的所有政府职能：美国国家航空航天局的太空飞行、食品药品监督管理局肉类检查、联邦调查局的调查、联邦航空管理局航空管制员。

以下是这一类别中的其他具体费用：

1 490 亿美元投入高等教育（3.6%）

680 亿美元用于补充营养援助计划（食品券）和其他食品援助（1.7%）

32.6 亿美元用于国家公园（0.08%）

190 亿美元投给美国国家航空航天局（0.46%）

（上述数字加起来不到 4.1 万亿美元，因为还有几种"其他"支出，包括军队和政府雇员的退休计划，以及部分退伍军人的福利。）

2   **办公室生产力**　具有象征意义的足球案例取自 Stephen Covey (2004), *The 8th Habit: From Effectiveness to Greatness* (New York: Simon & Schuster) 一书。

第十九章

1   **《统计数字会撒谎》**　标题是开玩笑的，但讽刺的是，赫夫后来因代表烟草业用统计数字撒谎，而获得了职业报酬。正如亚历克斯·莱因哈特在 2014 年的文章 "Huff and Puff." (https://bit.ly/3aFrYMJ) 中详述的那样。